もくじと学習の記ろく

本書に関する最新情報は，当社ホームページにある**本書の「サポート情報」**をご覧ください。（開設していない場合もございます。）

答え▷べっさつ1ページ

1 大きい数のしくみ

1 次(つぎ)の数を数字で書きなさい。

(1) 10万を2こと1万を6こ合わせた数 (　　　　)

(2) 100万を5こと1万を3こと10を7こ合わせた数 (　　　　)

(3) 1万を38こと1を250こ合わせた数 (　　　　)

(4) 1000万を10こ集(あつ)めた数 (　　　　)

(5) 73万の10倍(ばい)の数 (　　　　)

2 次の数について，下の問(と)いに答えなさい。

1 4 9 3 0 3 8 7

（4の下に㋐，9の下に㋑，1つ目の3の下に㋒，2つ目の3の下に㋓）

(1) ㋐の4は，何の位(くらい)ですか。 (　　　　)

(2) ㋑の9は，何の位ですか。 (　　　　)

(3) ㋒の3は，㋓の3を何倍した数ですか。 (　　　　)

(4) この数を漢字(かんじ)で書きなさい。 (　　　　)

3 次の数を漢字で書きなさい。

(1) 4652700 (　　　　　　　)

(2) 8074000 (　　　　　　　)

(3) 10200600 (　　　　　　　)

(4) 79361253 (　　　　　　　)

4 次の数を数字で書きなさい。

(1) 三百十二万四千六百七十九 (　　　　　　　)

(2) 七千五万四百 (　　　　　　　)

(3) 八百万九千二 (　　　　　　　)

(4) 四千十万八十三 (　　　　　　　)

5 数直線の↑の数をもとめなさい。

600万　800万

(1)　(2)　(3)　(4)

(1) □万　(2) □万　(3) □万　(4) □万

6 □にあてはまる不等号(ふとうごう)＞，＜を書きなさい。

(1) 4320000 □ 43100000

(2) 3958300 □ 3958299

(3) 5472688 □ 5472639

答え▷べっさつ1ページ

1 大きい数のしくみ

時間	25分	とく点
合かく	80点	点

1 次(つぎ)の数を数字で書きなさい。(20点/1つ5点)

(1) 千万を8こ，百万を6こ，一万を4こ，百を9こ合わせた数

(　　　　　　)

(2) 十万を260こ集(あつ)めた数

(　　　　　　)

(3) 9050を100倍(ばい)した数を10倍した数

(　　　　　　)

(4) 1000万より100小さい数

(　　　　　　)

2 次の数を，大きいじゅんにならべなさい。(18点/1つ6点)

(1) 38837291　　38893026　　38869935

(　　　　　　)

(2) 999827　　1002748　　100368

(　　　　　　)

(3) 73920845　　73921004　　73920854

(　　　　　　)

3 □にあてはまる不等号(ふとうごう)>，<を書きなさい。(12点/1つ6点)

(1) 30000+90000 □ 125000

(2) 430万+50万 □ 800万−300万

4 □にあてはまる数を書きなさい。(20点/1つ5点)

(1) 999996 — 999998 — □ — 1000002

(2) 360万 — □ — 320万 — 300万 — □

(3) 450000 — □ — 350000 — □

(4) □ — 91万 — 94万 — □ — 100万

5 次の数直線を見て，答えなさい。(12点/1つ6点)

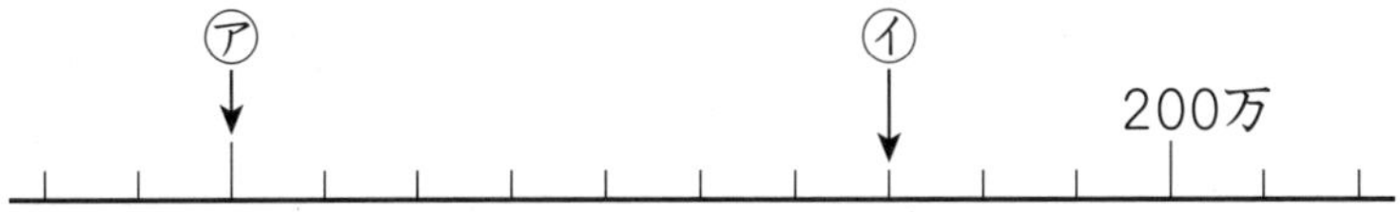

(1) ㋐が100万のとき，㋑はいくつになりますか。

(　　　　　　)

(2) ㋐が180万のとき，㋑はいくつになりますか。

(　　　　　　)

6 0から7までのカードが1まいずつあります。このカードを使って，次の8けたの数をつくりなさい。(18点/1つ6点)

(1) いちばん大きい数

(　　　　　　)

(2) いちばん小さい数

(　　　　　　)

(3) 4000万にいちばん近い数

(　　　　　　)

答え▶べっさつ2ページ

2 たし算の筆算 ①

標準クラス

1 次のたし算を暗算でしなさい。

(1) 800+400　　(2) 500+600

(3) 700+900　　(4) 200+800

(5) 500+900+100　　(6) 400+600+300

2 次の筆算をしなさい。

(1) $\begin{array}{r} 435 \\ +213 \\ \hline \end{array}$　(2) $\begin{array}{r} 146 \\ +452 \\ \hline \end{array}$　(3) $\begin{array}{r} 326 \\ +527 \\ \hline \end{array}$　(4) $\begin{array}{r} 483 \\ +281 \\ \hline \end{array}$

(5) $\begin{array}{r} 367 \\ +449 \\ \hline \end{array}$　(6) $\begin{array}{r} 274 \\ +\ \ 32 \\ \hline \end{array}$　(7) $\begin{array}{r} 184 \\ +487 \\ \hline \end{array}$　(8) $\begin{array}{r} 473 \\ +288 \\ \hline \end{array}$

(9) $\begin{array}{r} 295 \\ +156 \\ \hline \end{array}$　(10) $\begin{array}{r} 457 \\ +884 \\ \hline \end{array}$　(11) $\begin{array}{r} 346 \\ +\ \ 96 \\ \hline \end{array}$　(12) $\begin{array}{r} 65 \\ +759 \\ \hline \end{array}$

(13) $\begin{array}{r} 687 \\ +156 \\ \hline \end{array}$　(14) $\begin{array}{r} 274 \\ +627 \\ \hline \end{array}$　(15) $\begin{array}{r} 553 \\ +298 \\ \hline \end{array}$　(16) $\begin{array}{r} 196 \\ +\ \ \ \ 5 \\ \hline \end{array}$

3 □にあてはまる数を書きなさい。

(1)
$$\begin{array}{r} 2\ 3\ \square \\ +\ 4\ \square\ 3 \\ \hline \square\ 4\ 8 \end{array}$$

(2)
$$\begin{array}{r} 5\ \square\ 8 \\ +\ \square\ 2\ 9 \\ \hline 6\ 4\ \square \end{array}$$

(3)
$$\begin{array}{r} 2\ 8\ \square \\ +\ \square\ 9\ 2 \\ \hline 6\ \square\ 7 \end{array}$$

(4)
$$\begin{array}{r} 2\ 8\ \square \\ +\ \square\ \square\ 7 \\ \hline 8\ 0\ 3 \end{array}$$

(5)
$$\begin{array}{r} 1\ \square\ 4 \\ +\ 6\ 4\ \square \\ \hline \square\ 4\ 1 \end{array}$$

(6)
$$\begin{array}{r} \square\ 7\ 8 \\ +\ 1\ \square\ 6 \\ \hline 5\ 3\ \square \end{array}$$

4 ある町にある２つの小学校の人数は，右の表のとおりです。

	男子	女子
北小学校	278 人	236 人
南小学校	185 人	169 人

(1) 北小学校の人数はみんなで何人ですか。

(式)

答え（　　　　　）

(2) 南小学校の人数はみんなで何人ですか。

(式)

答え（　　　　　）

(3) ２つの小学校の男子の人数の合計は，何人ですか。

(式)

答え（　　　　　）

(4) ２つの小学校の女子の人数の合計は，何人ですか。

(式)

答え（　　　　　）

5 今日，けんいちさんは本を 187 ページ読みました。まだ，126 ページのこっています。この本は，全部で何ページですか。

(式)

答え（　　　　　）

答え▶べっさつ2ページ

2 たし算の筆算 ①

時間	25分	とく点
合かく	80点	点

1 次の筆算をしなさい。(40点/1つ2点)

(1) 287 + 529

(2) 176 + 59

(3) 98 + 367

(4) 348 + 189

(5) 738 + 185

(6) 476 + 266

(7) 628 + 209

(8) 154 + 656

(9) 634 + 598

(10) 309 + 208

(11) 573 + 149

(12) 933 + 68

(13) 991 + 9

(14) 796 + 457

(15) 847 + 694

(16) 986 + 275

(17) 23 + 46 + 38

(18) 382 + 73 + 606

(19) 465 + 276 + 530

(20) 300 + 489 + 235

2 次のたし算をくふうしてしなさい。(15点/1つ5点)

(1) 193+289+107

(2) 247+378+122

(3) 256+168+144+232

3 あき子さんの家と，本屋さん，駅との間は，それぞれ右のような道のりです。

(16点/1つ8点)

本屋
398m
286m
家
475m
駅

(1) あき子さんは，家から本屋さんによって，駅へ行くのに何 m 歩きますか。

(式)

答え（　　　　　　）

(2) 家から駅によって，本屋さんへ行くと，何 m 歩きますか。

(式)

答え（　　　　　　）

4 やすしさんは，120円のノート，275円のはさみ，168円のえん筆を買いました。代金はいくらですか。(9点)

(式)

答え（　　　　　　）

5 たろうさんの身長は，1 m 35 cm です。お兄さんの身長は，たろうさんの身長より 19 cm 高く，お父さんの身長は，たろうさんの身長より 39 cm 高いそうです。3人の身長を合わせると何 m 何 cm ですか。

(10点)

(式)

答え（　　　　　　）

6 はるかさんは，スーパーマーケットの食りょう品売り場で，1パック 459円のいちごと1ふさ292円のバナナを買いました。それから，本屋さんで1さつ883円のりょう理のざっしを買いました。のこったお金は366円でした。はじめに何円持っていましたか。(10点)

(式)

答え（　　　　　　）

答え▶べっさつ3ページ

3 ひき算の筆算 ①

標準クラス

1 次のひき算を暗算でしなさい。

(1) 1200−300

(2) 1100−400

(3) 1500−600

(4) 1400−900

(5) 1600−700−400

(6) 1800−800−600

2 次の筆算をしなさい。

(1) 473−154

(2) 573−429

(3) 875−458

(4) 567−449

(5) 490−83

(6) 761−53

(7) 560−162

(8) 954−367

(9) 612−316

(10) 527−338

(11) 630−271

(12) 441−93

(13) 872−96

(14) 694−597

(15) 765−678

(16) 523−435

3 □にあてはまる数を書きなさい。

(1)
$$\begin{array}{r} \square\ 7\ 5 \\ -\ 5\ \square\ 3 \\ \hline 3\ 6\ \square \end{array}$$

(2)
$$\begin{array}{r} 4\ \square\ \square \\ -\ \square\ 4\ 8 \\ \hline 2\ 7\ 1 \end{array}$$

(3)
$$\begin{array}{r} \square\ 8\ \square \\ -\ 1\ \square\ 7 \\ \hline 2\ 5\ 5 \end{array}$$

(4)
$$\begin{array}{r} 6\ 2\ 4 \\ -\ 2\ 7\ \square \\ \hline \square\ \square\ 9 \end{array}$$

(5)
$$\begin{array}{r} 5\ \square\ 1 \\ -\ \square\ 3\ 9 \\ \hline 3\ 9\ \square \end{array}$$

(6)
$$\begin{array}{r} 7\ 4\ \square \\ -\ \square\ 9\ 6 \\ \hline 2\ \square\ 7 \end{array}$$

4 東小学校は 312 人，西小学校は 248 人です。どちらの小学校が何人多いですか。

(式(しき))

答え（　　　小学校が　　　人多い。）

5 兄とわたしは，おり紙でつるをおっています。兄は 254 羽おりました。2 人合わせると 423 羽です。わたしは何羽おりましたか。

(式)

答え（　　　　　）

6 「312 ページ」「129 ページ」ということばを使(つか)って，「312−129」の式になる問題(もんだい)をつくりましょう。

（　　　　　　　　　　　　　　　　）

答え▶べっさつ3ページ

3 ひき算の筆算(ひっさん) ①

ハイクラス

時間	25分	とく点
合かく	80点	点

1 次(つぎ)の筆算(ひっさん)をしなさい。(32点/1つ2点)

(1)
```
  429
- 196
```
(2)
```
  763
- 328
```
(3)
```
  814
- 297
```
(4)
```
  641
- 385
```
(5)
```
  803
- 457
```
(6)
```
  611
- 378
```
(7)
```
  604
- 268
```
(8)
```
  750
- 261
```
(9)
```
  437
- 179
```
(10)
```
  904
- 316
```
(11)
```
  992
- 795
```
(12)
```
  634
- 576
```
(13)
```
  973
- 894
```
(14)
```
  826
- 489
```
(15)
```
  1000
-  876
```
(16)
```
  1002
-  197
```

2 次の計算をしなさい。(18点/1つ3点)

(1) 976−198−276

(2) 603−186−103

(3) 865−377−465+677

(4) 800−493−207−100

(5) 700−246−116−238

(6) 889−168−132+111

3 □にあてはまる数を書きなさい。(24点/1つ3点)

(1) 246+□=398　　(2) 471＋□＝665

(3) □+518=904　　(4) □+484=743

(5) 631−□=412　　(6) 645−□=176

(7) □−138=376　　(8) □−134=294

4 500円を持(も)って買(か)い物(もの)に行きました。120円のノートと285円のサインペンを買いました。あと何円のこっていますか。(8点)

(式(しき))

答え(　　　　　　)

5 学校から，さくらさんとかずまさんの家までの道のりは，右の図のとおりです。2人のどちらが，学校から何m遠いですか。(8点)

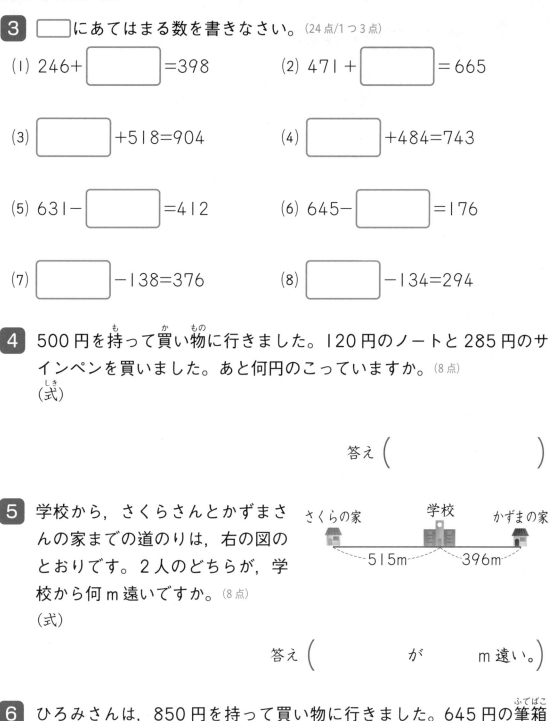

さくらの家　学校　かずまの家

515m　396m

(式)

答え(　　　　が　　　m遠い。)

6 ひろみさんは，850円を持って買い物に行きました。645円の筆箱(ふでばこ)と280円の下じきを買うには，いくらたりませんか。(10点)

(式)

答え(　　　　　　)

答え▶べっさつ4ページ

4 たし算の筆算 ②

標準クラス

1 次のたし算を暗算でしなさい。

(1) 3000+9000　　(2) 1000+1000

(3) 8000+5000　　(4) 6000+5000

(5) 2000+1000+6000　　(6) 3000+6000+1000

2 次の筆算をしなさい。

(1)
```
  6925
+ 3172
```

(2)
```
  9943
+ 6728
```

(3)
```
  3797
+ 9684
```

(4)
```
  4709
+ 5823
```

(5)
```
  3274
+ 2077
```

(6)
```
  5763
+ 9845
```

(7)
```
  34904
+ 29643
```

(8)
```
  49248
+ 73944
```

(9)
```
  28643
+ 36479
```

(10)
```
  78457
+ 24005
```

(11)
```
  40886
+ 98824
```

(12)
```
  84253
+ 56073
```

3 □にあてはまる数を書きなさい。

(1)

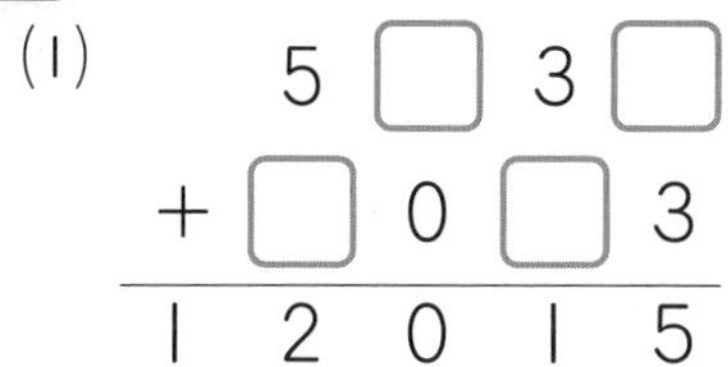

(2)

```
  □ 9 □ 2
+ 6 □ 8 □
□ 1 3 8 1
```

4 よし子さんがきのう歩いた歩数は 22318 歩でした。今日歩いた歩数は 19783 歩でした。2日間で歩いた歩数は合わせて何歩ですか。

(式(しき))

答え（　　　　　　）

5 先週の動物園(どうぶつえん)の入園者数は 36278 人でした。今週の入園者数は 45923 人でした。入園者数は合わせて何人ですか。

(式)

答え（　　　　　　）

6 ある市の男の人は 40693 人，女の人は 39479 人です。ある市の人口は何人ですか。

(式)

答え（　　　　　　）

答え▶べっさつ4ページ

4 たし算の筆算（ひっさん） ②

時間	25分	とく点
合かく	80点	点

1 次（つぎ）の筆算（ひっさん）をしなさい。（36点/1つ4点）

(1)
```
   8214
+ 23798
```

(2)
```
   5738
+ 46269
```

(3)
```
  50240
+  9883
```

(4)
```
   9827
+ 74928
```

(5)
```
  42698
+ 98355
```

(6)
```
  863577
+ 674986
```

(7)
```
  45560
   9342
+ 83169
```

(8)
```
   8402
  74928
+ 37599
```

(9)
```
  39289
  90317
+ 29574
```

2 □にあてはまる数を書きなさい。（24点/1つ6点）

(1)
```
    7 3 □ 8
+ 9 □ □ 1 □
-----------
1 0 3 5 6 5
```

(2)
```
  □ □ 8 □ 6
+     9 □ 4 □
-----------
  6 2 2 2 3
```

(3)
```
  5 □ □ 9 □
+ □ 5 7 □ 8
-----------
1 3 6 1 4 4
```

(4)
```
  □ 9 2 □ 6
  9 8 □ 7 7
+ 5 □ 2 8 □
-----------
2 4 6 9 1 9
```

3 右の表（ひょう）は東山市と西川市と南田市３つの市の人口です。(20点/1つ10点)

東山市	34281人
西川市	29416人
南田市	45537人

(1) 東山市と南田市の人口を合わせると何人ですか。

(式（しき）)

答え（　　　　　）

(2) ３つの市の人口を合わせると全部（ぜんぶ）で何人ですか。

(式)

答え（　　　　　）

4 長さが 14 m 58 cm の白いテープと，23 m 2 cm の赤いテープがあります。この２本のテープをつなぐと，何 cm になりますか。ただし，つなぎ目に使（つか）う長さは考えないものとします。(10点)

(式)

答え（　　　　　）

5 [0]，[1]，[3]，[4]，[5]の５まいのカードがあります。５まいのカードを全部使って，いちばん大きい数といちばん小さい数をそれぞれつくり，その２つの数を合わせると，いくつになりますか。(10点)

(式)

答え（　　　　　）

答え▶べっさつ5ページ

5 ひき算の筆算 ②

標準クラス

1 次の計算を暗算でしなさい。

(1) 8000−4000

(2) 15000−9000

(3) 18000−8000

(4) 6000+5000−3000

(5) 17000−8000−7000

2 次の筆算をしなさい。

(1)
$$\begin{array}{r} 6629 \\ -5380 \\ \hline \end{array}$$

(2)
$$\begin{array}{r} 7430 \\ -1502 \\ \hline \end{array}$$

(3)
$$\begin{array}{r} 5094 \\ -3874 \\ \hline \end{array}$$

(4)
$$\begin{array}{r} 3843 \\ -1949 \\ \hline \end{array}$$

(5)
$$\begin{array}{r} 8736 \\ -4582 \\ \hline \end{array}$$

(6)
$$\begin{array}{r} 6041 \\ -2395 \\ \hline \end{array}$$

(7)
$$\begin{array}{r} 30000 \\ -28759 \\ \hline \end{array}$$

(8)
$$\begin{array}{r} 90706 \\ -48926 \\ \hline \end{array}$$

(9)
$$\begin{array}{r} 50002 \\ -49006 \\ \hline \end{array}$$

3 □にあてはまる数を書きなさい。

(1) 5924＋□＝13958　(2) 39596−□＝18479

(3) □−46258＝57963

4 □にあてはまる数を書きなさい。

(1)
```
   □ 0 □ 0
 − 3 □ 3 □
 ─────────
   4 1 3 4
```

(2)
```
   5 9 □ □
 − □ □ 4 8
 ─────────
   3 9 8 9
```

(3)
```
   2 7 6 □ 8
 −   □ □ 3 □
 ───────────
   1 7 9 2 6
```

(4)
```
   □ 3 □ 4 □
 −   2 7 □ 9
 ───────────
   6 0 4 3 6
```

5 ある市の男の人は 52483 人，女の人は 47526 人です。ある市の男の人と女の人のちがいは何人ですか。

(式(しき))

答え（　　　　　　）

6 お兄さんは 3 万円持(も)って買(か)い物(もの)に行きました。28500 円の自転車(じてんしゃ)を買うと，おつりはいくらですか。

(式)

答え（　　　　　　）

答え▶べっさつ5ページ

5 ひき算の筆算 ②

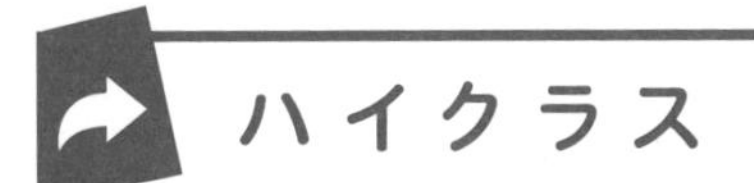

時間	25分	とく点
合かく	80点	点

1 次の筆算をしなさい。(36点/1つ4点)

(1) 14075 − 9186

(2) 10026 − 4028

(3) 94360 − 9883

(4) 49035 − 37428

(5) 90627 − 64819

(6) 83472 − 75596

(7) 97435 − 9342 − 49692

(8) 84963 − 38529 − 19543

(9) 70748 − 29349 − 39492

2 □にあてはまる数を書きなさい。(24点/1つ6点)

(1) □00□□ − □624 = 31449

(2) 84□0□ − □□9□7 = 10068

(3) □1□15 − □8□0 − 812□ = 16416

(4) □756□ − 3□□40 − 280□7 = 38875

3 56700円のテレビと，ＤＶＤ(ディーブイディー)レコーダーを買うと82500円でした。ＤＶＤレコーダーはいくらでしたか。（10点）

(式(しき))

答え（　　　　　　）

4 東市の人口は，西市の人口より10086人少なくて38245人だそうです。（20点/1つ10点）

(1) 西市の人口は何人ですか。

(式)

答え（　　　　　　）

(2) 東市と西市の人口が合わせて９万人になるには，あと何人ふえればよいですか。

(式)

答え（　　　　　　）

5 野球用品(やきゅうようひん)のセットを１万円で売っていました。それぞれを買うと，右のようなねだんになっています。セットはいくらとくですか。（10点）

グローブ	4980円
バット	3860円
ボール	200円
ぼうし	1450円

(式)

答え（　　　　　　）

答え▶べっさつ6ページ

時間 25分	とく点
合かく 80点	点

チャレンジテスト①

1 次の筆算をしなさい。(40点/1つ2点)

(1) $\begin{array}{r} 578 \\ +463 \\ \hline \end{array}$

(2) $\begin{array}{r} 957 \\ +\ \ 90 \\ \hline \end{array}$

(3) $\begin{array}{r} 350 \\ 476 \\ +658 \\ \hline \end{array}$

(4) $\begin{array}{r} 989 \\ 792 \\ +538 \\ \hline \end{array}$

(5) $\begin{array}{r} 6309 \\ +2860 \\ \hline \end{array}$

(6) $\begin{array}{r} 2456 \\ +7257 \\ \hline \end{array}$

(7) $\begin{array}{r} 4817 \\ +3495 \\ \hline \end{array}$

(8) $\begin{array}{r} 4394 \\ 960 \\ +1839 \\ \hline \end{array}$

(9) $\begin{array}{r} 5862 \\ 2208 \\ +4082 \\ \hline \end{array}$

(10) $\begin{array}{r} 458 \\ 4839 \\ +6658 \\ \hline \end{array}$

(11) $\begin{array}{r} 475 \\ -286 \\ \hline \end{array}$

(12) $\begin{array}{r} 614 \\ -587 \\ \hline \end{array}$

(13) $\begin{array}{r} 732 \\ -656 \\ \hline \end{array}$

(14) $\begin{array}{r} 1084 \\ -\ \ \ 85 \\ \hline \end{array}$

(15) $\begin{array}{r} 2839 \\ -1625 \\ \hline \end{array}$

(16) $\begin{array}{r} 5682 \\ -2359 \\ \hline \end{array}$

(17) $\begin{array}{r} 8716 \\ -4542 \\ \hline \end{array}$

(18) $\begin{array}{r} 52496 \\ -\ \ \ 758 \\ \hline \end{array}$

(19) $\begin{array}{r} 71004 \\ -\ \ \ 937 \\ \hline \end{array}$

(20) $\begin{array}{r} 13900 \\ -\ \ 1938 \\ \hline \end{array}$

2 次の計算をしなさい。(30点/1つ5点)

(1) 394+266+843

(2) 2407+421−579

(3) 1394+(320−168)

(4) 4846−352−183

(5) 3735−(361−246)

(6) 5836−234−427

3 0, 3, 6, 8の数字を1つずつ使(つか)って，4けたの数をつくります。2番目に大きい数と2番目に小さい数をたすと，答えはいくつになりますか。(10点)

(式(しき))

答え（　　　　　　）

4 北町の人口は，南町の人口より1736人多く，4523人です。西町の人口は，南町の人口より978人少ないそうです。(20点/1つ10点)

(1) 南町の人口は，何人ですか。

(式)

答え（　　　　　　）

(2) 北町と南町と西町の人口が合わせて1万人になるには，あと何人ふえればよいですか。

(式)

答え（　　　　　　）

答え▶べっさつ6ページ

時間	25分	とく点
合かく	80点	点

チャレンジテスト②

1 次(つぎ)の筆算(ひっさん)をしなさい。(36点/1つ2点)

(1)
```
  24039
+  5847
```

(2)
```
  63842
+  3564
```

(3)
```
  81507
+  9497
```

(4)
```
  17793
   2835
+47056
```

(5)
```
  30074
  29475
+  9919
```

(6)
```
  33568
  23745
+14580
```

(7)
```
  40045
  27643
+43528
```

(8)
```
  10150
  33509
+57647
```

(9)
```
  178579
   56182
+  75349
```

(10)
```
  50374
-  2635
```

(11)
```
  86295
-  8346
```

(12)
```
  90064
-  6582
```

(13)
```
  11751
-  2138
```

(14)
```
  29401
-16489
```

(15)
```
  32040
-19072
```

(16)
```
  61126
-46273
-13894
```

(17)
```
  90141
-32639
-57462
```

(18)
```
  270003
-  61536
```

2 □にあてはまる数を書きなさい。(28点/1つ7点)

(1) 3294+□+638=4135

(2) 6507+843+□=7746

(3) 9034−□−427=6206

(4) □−3397−593=1655

3 右の表(ひょう)は，ある電気(でんき)店の商品のねだんを書いたものです。(36点/1つ12点)

テレビ	75600円
DVDレコーダー	69800円
カメラ	22880円
CDラジカセ	19740円

(1) DVD(ディーブイディー)レコーダーとCD(シーディー)ラジカセを買うといくらになりますか。

(式(しき))

答え（　　　　　）

(2) カメラとCDラジカセを買って，1万円さつ5まいを出すとおつりはいくらですか。

(式)

答え（　　　　　）

(3) テレビとカメラを買って，5000円まけてもらいました。代金(だいきん)はいくらですか。

(式)

答え（　　　　　）

答え▶べっさつ7ページ

6 かけ算のきまり

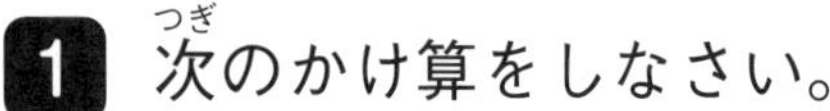

標準クラス

1 次(つぎ)のかけ算をしなさい。

(1) 4×0　(2) 8×0　(3) 0×7

(4) 0×10　(5) 5×10　(6) 10×8

(7) 9×10　(8) 7×100　(9) 10×6

(10) 10×10　(11) 100×5　(12) 100×0

2 □にあてはまる数を書きなさい。

(1) 3×5=□×3　(2) 7×4=□×7

(3) □×2=2×8　(4) 7×□=9×7

(5) 10×4=4×□　(6) □×7=7×10

(7) 100×□=6×100　(8) 8×100=□×8

(9) 6×7=6×□−6　(10) 8×□=8×4+8

3 答えが次の数になる九九をすべて書きなさい。

(1) 18　(　　　　　　　　　　)

(2) 24　(　　　　　　　　　　)

(3) 27　(　　　　　　　　　　)

(4) 48　(　　　　　　　　　　)

4 □にあてはまる不等号(ふとうごう)>，<を書きなさい。

(1) 6×8 □ 6×7　　(2) 10×5 □ 10×6

(3) 4×9 □ 8×5　　(4) 3×9 □ 6×4

5 1箱(はこ)10こ入りのキャラメルの箱が6箱あります。キャラメルは，全部(ぜんぶ)で何こありますか。

(式(しき))

答え(　　　　　　)

6 1まい80円のシールを7まい買うと，いくらになりますか。

(式)

答え(　　　　　　)

6 かけ算のきまり

答え▶べっさつ7ページ

時間	25分	とく点
合かく	80点	点

1 次のかけ算をしなさい。(18点/1つ2点)

(1) 20×4　　(2) 30×3　　(3) 8×90

(4) 500×8　　(5) 900×7　　(6) 40×90

(7) 300×60　　(8) 80×400　　(9) 600×900

2 □にあてはまる数を書きなさい。(20点/1つ2点)

(1) 7×2×5=7×□　　(2) 3×3×7=□×7

(3) 5×6×9=□×9　　(4) 8×4×5=8×□

(5) 7×4×□=7×28　　(6) 6×□×2=48×2

(7) 5×□×9=5×54　　(8) 4×7×□=4×63

(9) 8×4=(3×4)+(□×4)　　(10) 7×11=(7×5)+(7×□)

3 □にあてはまる不等号>，<を書きなさい。(24点/1つ4点)

(1) 100×7□6×100　　(2) 20×3□40×2

(3) 50×5□60×4　　(4) 7×100□9×80

(5) 90×40□70×50　　(6) 700×9□80×80

4 4人がけの長いすが40きゃくと，6人がけの長いすが50きゃくあります。全部(ぜんぶ)で何人すわれますか。(8点)

(式(しき))

答え（　　　　　　）

5 1000円を持(も)って，90円のノートを8さつ買いに行きました。おつりは，いくらになりますか。(10点)

(式)

答え（　　　　　　）

6 100円玉が7こと10円玉が9こあります。全部で，いくらありますか。(10点)

(式)

答え（　　　　　　）

7 400円のハンバーガーを10こ買ったところ，400円まけてくれました。いくらはらえばよいですか。(10点)

(式)

答え（　　　　　　）

7 かけ算の筆算 ①

標準クラス

1 次のかけ算をしなさい。

(1) 40×8　(2) 30×9　(3) 70×7

(4) 300×4　(5) 700×5　(6) 800×7

2 次の筆算をしなさい。

(1) $\begin{array}{r} 43 \\ \times\ 2 \\ \hline \end{array}$　(2) $\begin{array}{r} 32 \\ \times\ 3 \\ \hline \end{array}$　(3) $\begin{array}{r} 14 \\ \times\ 2 \\ \hline \end{array}$　(4) $\begin{array}{r} 11 \\ \times\ 6 \\ \hline \end{array}$

(5) $\begin{array}{r} 28 \\ \times\ 3 \\ \hline \end{array}$　(6) $\begin{array}{r} 36 \\ \times\ 2 \\ \hline \end{array}$　(7) $\begin{array}{r} 48 \\ \times\ 2 \\ \hline \end{array}$　(8) $\begin{array}{r} 12 \\ \times\ 6 \\ \hline \end{array}$

(9) $\begin{array}{r} 63 \\ \times\ 9 \\ \hline \end{array}$　(10) $\begin{array}{r} 58 \\ \times\ 4 \\ \hline \end{array}$　(11) $\begin{array}{r} 42 \\ \times\ 7 \\ \hline \end{array}$　(12) $\begin{array}{r} 54 \\ \times\ 8 \\ \hline \end{array}$

(13) $\begin{array}{r} 65 \\ \times\ 4 \\ \hline \end{array}$　(14) $\begin{array}{r} 75 \\ \times\ 8 \\ \hline \end{array}$　(15) $\begin{array}{r} 68 \\ \times\ 6 \\ \hline \end{array}$　(16) $\begin{array}{r} 47 \\ \times\ 9 \\ \hline \end{array}$

3 次の筆算をしなさい。

(1) $\begin{array}{r} 423 \\ \times \quad 2 \\ \hline \end{array}$　(2) $\begin{array}{r} 214 \\ \times \quad 2 \\ \hline \end{array}$　(3) $\begin{array}{r} 465 \\ \times \quad 3 \\ \hline \end{array}$　(4) $\begin{array}{r} 728 \\ \times \quad 5 \\ \hline \end{array}$

(5) $\begin{array}{r} 846 \\ \times \quad 6 \\ \hline \end{array}$　(6) $\begin{array}{r} 709 \\ \times \quad 7 \\ \hline \end{array}$　(7) $\begin{array}{r} 291 \\ \times \quad 9 \\ \hline \end{array}$　(8) $\begin{array}{r} 407 \\ \times \quad 8 \\ \hline \end{array}$

4 □にあてはまる数を書きなさい。

(1) $\begin{array}{r} \square\ 3\ 7 \\ \times \quad\quad 2 \\ \hline 1\ 0\ 7\ 4 \end{array}$　(2) $\begin{array}{r} 6\ \square\ 8 \\ \times \quad\quad 6 \\ \hline 3\ 8\ 8\ 8 \end{array}$

(3) $\begin{array}{r} 5\ 3\ \square \\ \times \quad\quad 4 \\ \hline 2\ 1\ 5\ 6 \end{array}$　(4) $\begin{array}{r} 4\ \square\ 9 \\ \times \quad\quad 8 \\ \hline 3\ 5\ 9\ 2 \end{array}$

5 けんじさんは 12 才です。おじいさんは，けんじさんの5倍(ばい)の年れいです。おじいさんは何才ですか。

(式(しき))

答え（　　　　　　）

6 1まい 125 円のカードを7まい買いました。代金(だいきん)はいくらになりますか。

(式)

答え（　　　　　　）

答え▶べっさつ8ページ

7 かけ算の筆算（ひっさん） ①

時間	25分	とく点
合かく	80点	点

1 筆算（ひっさん）になおして計算しなさい。（36点/1つ3点）

(1) 38×3　(2) 51×7　(3) 63×8　(4) 97×5

(5) 710×8　(6) 296×4　(7) 935×8　(8) 446×7

(9) 8200×6　(10) 6571×9　(11) 4286×3　(12) 3594×8

2 □にあてはまる数を書きなさい。（24点/1つ4点）

(1)
$$\begin{array}{r} \square\,6\,\square \\ \times\quad 8 \\ \hline 3\,6\,9\,6 \end{array}$$

(2)
$$\begin{array}{r} 3\,\square\,4 \\ \times\quad \square \\ \hline 2\,6\,8\,8 \end{array}$$

(3)
$$\begin{array}{r} \square\,9\,5 \\ \times\quad \square \\ \hline 1\,7\,7\,0 \end{array}$$

(4)
$$\begin{array}{r} 6\,7\,\square \\ \times\quad \square \\ \hline 6\,1\,0\,2 \end{array}$$

(5)
$$\begin{array}{r} 8\,\square\,4 \\ \times\quad \square \\ \hline 3\,4\,1\,6 \end{array}$$

(6)
$$\begin{array}{r} \square\,6\,\square \\ \times\quad 9 \\ \hline 4\,2\,0\,3 \end{array}$$

3 345円のケーキを50円安く売っていたので，6こ買いました。代金はいくらになりますか。（10点）

（式）

答え（　　　　　　）

4 ひろしさんは9才です。お母さんの年れいは，ひろしさんと2才下の弟の年れいを合わせて2倍したものです。お母さんの年れいは何才ですか。（10点）

（式）

答え（　　　　　　）

5 1人に2m 45cmのリボンを配って，かざりをつくります。8人に配るためには，リボンはどれだけの長さがあればよいですか。（10点）

（式）

答え（　　　　　　）

6 えりさんの住んでいる町の人口は，男の人が4019人，女の人が5828人です。だいきさんの住んでいる町の人口は，えりさんの住んでいる町の人口の8倍だそうです。だいきさんの住んでいる町の人口は，何人ですか。（10点）

（式）

答え（　　　　　　）

答え▶べっさつ9ページ

8 かけ算の筆算 ②

標準クラス

1 次のかけ算をしなさい。

(1) 82×50　(2) 73×50　(3) 49×30

(4) 33×60　(5) 48×20　(6) 57×70

(7) 480×20　(8) 720×60　(9) 930×30

(10) 530×80　(11) 280×90　(12) 610×70

2 次の筆算をしなさい。

(1) $\begin{array}{r} 51 \\ \times 42 \\ \hline \end{array}$　(2) $\begin{array}{r} 95 \\ \times 64 \\ \hline \end{array}$　(3) $\begin{array}{r} 86 \\ \times 37 \\ \hline \end{array}$　(4) $\begin{array}{r} 77 \\ \times 70 \\ \hline \end{array}$

(5) $\begin{array}{r} 36 \\ \times 71 \\ \hline \end{array}$　(6) $\begin{array}{r} 18 \\ \times 41 \\ \hline \end{array}$　(7) $\begin{array}{r} 52 \\ \times 83 \\ \hline \end{array}$　(8) $\begin{array}{r} 26 \\ \times 22 \\ \hline \end{array}$

(9) $\begin{array}{r} 12 \\ \times 24 \\ \hline \end{array}$　(10) $\begin{array}{r} 23 \\ \times 30 \\ \hline \end{array}$　(11) $\begin{array}{r} 41 \\ \times 52 \\ \hline \end{array}$　(12) $\begin{array}{r} 56 \\ \times 73 \\ \hline \end{array}$

3 次の筆算をしなさい。

(1) $\begin{array}{r} 248 \\ \times\ \ 38 \\ \hline \end{array}$　(2) $\begin{array}{r} 149 \\ \times\ \ 40 \\ \hline \end{array}$　(3) $\begin{array}{r} 906 \\ \times\ \ 29 \\ \hline \end{array}$　(4) $\begin{array}{r} 529 \\ \times\ \ 71 \\ \hline \end{array}$

(5) $\begin{array}{r} 492 \\ \times\ \ 58 \\ \hline \end{array}$　(6) $\begin{array}{r} 958 \\ \times\ \ 24 \\ \hline \end{array}$　(7) $\begin{array}{r} 270 \\ \times\ \ 78 \\ \hline \end{array}$　(8) $\begin{array}{r} 304 \\ \times\ \ 36 \\ \hline \end{array}$

4 □にあてはまる数を書きなさい。

(1) $\begin{array}{r} \square\,8 \\ \times\ \square\,6 \\ \hline 228 \\ 228 \\ \hline 2508 \end{array}$　(2) $\begin{array}{r} \square\,7 \\ \times\ 8\,\square \\ \hline 513 \\ 456 \\ \hline 5073 \end{array}$　(3) $\begin{array}{r} \square\,6 \\ \times\ 7\,\square \\ \hline 92 \\ 322 \\ \hline 3312 \end{array}$　(4) $\begin{array}{r} \square\,7\,\square \\ \times\ \square\,8 \\ \hline 5392 \\ 6066 \\ \hline 66052 \end{array}$

5 1本120円の色えん筆(ぴつ)を24色分買います。代金(だいきん)はいくらになりますか。

(式(しき))

答え（　　　　　　）

8 かけ算の筆算(ひっさん) ②

答え▶べっさつ9ページ

時間 25分	とく点
合かく 80点	点

1 筆算(ひっさん)になおして計算しなさい。(36点/1つ6点)

(1) 953×34 (2) 390×82 (3) 180×26

(4) 408×73 (5) 862×59 (6) 547×98

2 □にあてはまる数を書きなさい。(24点/1つ8点)

(1)
```
    □ 7 □
 ×    □ 9
 ---------
  8 □ 5 7
□ 8 9 2
 ---------
4 7 6 7 7
```

(2)
```
    □ □ 2
 ×    3 □
 ---------
  4 □ 5 8
1 3 8 □
 ---------
1 8 0 1 8
```

(3)
```
    □ □ 2
 ×    7 □
 ---------
  2 4 0 8
4 □ 1 □
 ---------
4 4 5 4 8
```

3 1000円を持って文具店に行き，1こ65円の絵の具を買います。

(20点/1つ10点)

(1) あといくらあれば，18この絵の具が買えますか。

(式)

答え（　　　　　）

(2) 12この絵の具を買ったおつりで，ノートがちょうど2さつ買えます。ノート1さつのねだんは，いくらですか。

(式)

答え（　　　　　）

4 1こ255円のケーキと1本87円のジュースを，69人分用意します。全部でいくらかかりますか。(10点)

(式)

答え（　　　　　）

5 文具店で，右のように品物を仕入れました。全部でいくらになりますか。

(10点)

品　物	1つのねだん	こ数
絵の具	225	80
ノート	74	130
筆　箱	485	55

(式)

答え（　　　　　）

答え▶べっさつ10ページ

9 かけ算の筆算 ③

標準クラス

1 次のかけ算をしなさい。

(1) 740×200

(2) 600×390

(3) 800×450

(4) 270×900

2 次の筆算をしなさい。

(1) 945×268

(2) 372×615

(3) 841×432

(4) 495×722

(5) 487×903

(6) 503×572

(7) 261×490

(8) 470×291

(9) 819×329

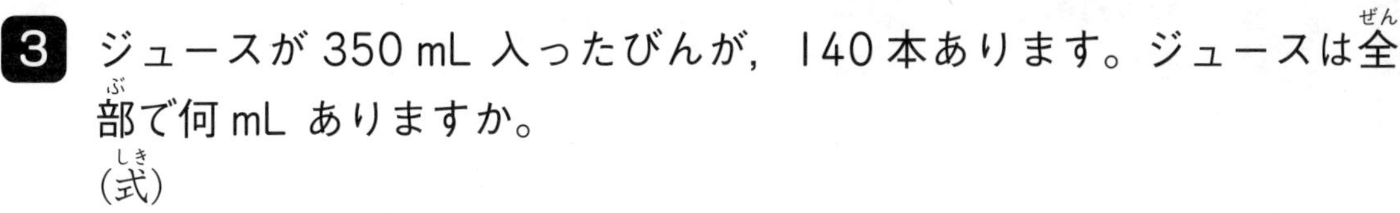

3 ジュースが 350 mL 入ったびんが，140 本あります。ジュースは全部で何 mL ありますか。

(式)

答え (　　　　　　　)

4 全校じ童 728 人の学校で，1 人に 1 こずつケーキを配ります。ケーキは 1 こ 285 円です。ケーキの代金はいくらですか。

(式)

答え (　　　　　　　)

5 1 日に 800 m を走ります。1 年間(365 日間)毎日走ると，何 m 走ることになりますか。

(式)

答え (　　　　　　　)

6 右の筆算はまちがっています。まちがっているわけをせつ明して，正しい答えも書きなさい。

$$\begin{array}{r} 265 \\ \times\ 132 \\ \hline 530 \\ 695 \\ 265 \\ \hline 33980 \end{array}$$

わけ (　　　　　　　　　　　　　　)

答え (　　　　　　　)

答え▶べっさつ10ページ	
時間　25分	とく点
合かく　80点	点

9 かけ算の筆算(ひっさん) ③

1 筆算(ひっさん)になおして計算しなさい。(30点/1つ5点)

(1) 136×459　　(2) 630×428　　(3) 576×280

(4) 204×862　　(5) 470×206　　(6) 857×395

2 □にあてはまる数を書きなさい。(20点/1つ10点)

(1)

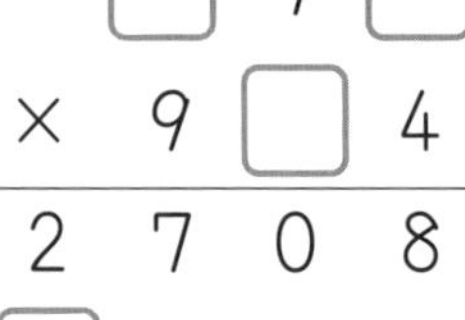

```
      □ 7 □
  ×   9 □ 4
  ---------
    2 7 0 8
  2 □ 0 8
6 □ 9 □
-----------
6 3 9 0 8 8
```

(2)

```
      □ □ 3
  ×   8 9 □
  ---------
    3 □ 7 2
  7 □ 8 7
6 □ 4 4
-----------
7 5 3 6 4 2
```

3 ひろしさんは朝 370 m，夕方 590 m を毎日走っています。365 日走りつづけると，全部(ぜんぶ)で何 m 走ったことになりますか。（10 点）

（式(しき)）

答え（　　　　　　）

4 遠足に行くのに，1 人につきバス代(だい)が 170 円，電車代が 220 円かかります。3 年生 128 人で行くと，全部でいくらかかりますか。（10 点）

（式）

答え（　　　　　　）

5 計算ノートを 345 さつ買います。1 さつ 280 円です。1 万円さつ 10 まいを出すと，おつりはいくらになりますか。（15 点）

（式）

答え（　　　　　　）

6 スーパーが，右のように品物(しなもの)を仕入(しい)れました。全部でいくらになりますか。（15 点）

品　物	1 このねだん	こ数
りんご	108	420
パ　ン	115	280

（式）

答え（　　　　　　）

チャレンジテスト③

答え▶べっさつ11ページ

時 間	25分	とく点
合かく	80点	点

1 次の筆算をしなさい。(32点/1つ4点)

(1) 983 × 126

(2) 279 × 304

(3) 841 × 278

(4) 437 × 405

(5) 708 × 603

(6) 604 × 786

(7) 376 × 593

(8) 285 × 456

2 □にあてはまる数を書きなさい。(20点/1つ4点)

(1) 8×375=375×□=□

(2) 128×8×50=128×□=□

(3) 25×13×4=25×□×13=□×13=□

(4) 82×7=(82×2)+(82×□)=164+□=□

(5) 16×39=(□×39)+(6×39)=□+234=□

3 次のかけ算をしなさい。(36点/1つ4点)

(1) 28×3×2　(2) 85×8×12　(3) 64×50×2

(4) 82×7×24　(5) 33×19×24　(6) 82×25×4

(7) 306×9×3　(8) 16×258×5　(9) 23×11×347

4 あきらさんは，100円玉を8こと，50円玉を4こと，10円玉を8こ，まきさんは100円玉を6こと，50円玉を5こと，10円玉を11こ持(も)っています。どちらが何円多く持っていますか。(6点)

(式(しき))

答え（　　　　　　　　）

5 1本53円のえん筆(ぴつ)を4ダース買うと，306円あまりました。はじめに持っていたお金は，いくらですか。(6点)

(式)

答え（　　　　　　　　）

チャレンジテスト④

答え▶べっさつ11ページ

時間　30分	とく点
合かく　80点	点

1 次(つぎ)の筆算(ひっさん)をしなさい。(28点/1つ4点)

(1) $\begin{array}{r} 473 \\ \times 283 \\ \hline \end{array}$　(2) $\begin{array}{r} 371 \\ \times 502 \\ \hline \end{array}$　(3) $\begin{array}{r} 508 \\ \times 473 \\ \hline \end{array}$　(4) $\begin{array}{r} 490 \\ \times 619 \\ \hline \end{array}$

(5) $\begin{array}{r} 1258 \\ \times \quad 36 \\ \hline \end{array}$　(6) $\begin{array}{r} 8793 \\ \times \quad 74 \\ \hline \end{array}$　(7) $\begin{array}{r} 3426 \\ \times \ 185 \\ \hline \end{array}$

2 次の計算をしなさい。(32点/1つ4点)

(1) 45×6+25　(2) 189×6−124　(3) 58×12+99

(4) (227−35)×14　(5) (89+435)×9　(6) 454×(71−5)

(7) (49+13)×(86−30)　(8) (168−61)×(25+51)

3 1本85円のジュースを3ダース買いに行きました。1ダースにつき100円安くして売ってくれました。代金はいくらになりますか。(10点)

(式)

答え(　　　　　)

4 38こ入りのあめのふくろが26ふくろと，ばらで27このあめがあります。合わせて何こになりますか。(10点)

(式)

答え(　　　　　)

5 学校の全員で登山に行きました。36人乗りのロープウエーで15回運んでも，まだ6人のこっていました。全員で何人いましたか。(10点)

(式)

答え(　　　　　)

6 社会見学に行くのに，1人3200円のバス代がかかります。3年1組は40人です。3年2組は37人です。2つの組のバスの代金は合わせていくらになりますか。(10点)

(式)

答え(　　　　　)

答え▶べっさつ11ページ

10 わり算 ①

標準クラス

1 □にあてはまる数を書きなさい。

(1) 3×□=21

(2) □×8=16

(3) □×7=35

(4) 9×□=81

(5) 6×□=0

(6) □×8=8

2 次(つぎ)のわり算をしなさい。

(1) 54÷9

(2) 32÷8

(3) 64÷8

(4) 24÷6

(5) 20÷5

(6) 36÷6

(7) 36÷4

(8) 18÷2

(9) 27÷3

(10) 49÷7

(11) 72÷9

(12) 16÷4

(13) 45÷5

(14) 42÷6

(15) 27÷9

(16) 28÷4

(17) 40÷8

(18) 56÷7

(19) 16÷2

(20) 21÷3

3 ［　］の中から，答えが 2，3，4，5，0 になるわり算をえらびなさい。

36÷9	15÷3	16÷8	24÷6	27÷9	25÷5
14÷7	8÷2	5÷1	18÷6	24÷8	35÷7
8÷4	28÷7	0÷3	15÷5	45÷9	12÷6

(1) 2　（　　　　　　　　　　）

(2) 3　（　　　　　　　　　　）

(3) 4　（　　　　　　　　　　）

(4) 5　（　　　　　　　　　　）

(5) 0　（　　　　　　　　　　）

4 マッチぼうを 3 本使って，三角形を 1 つつくります。マッチぼうが 24 本あるとき，三角形はいくつできますか。

(式)

答え（　　　　　　）

5 マッチぼうを 4 本使って，四角形を 1 つつくります。マッチぼうが 36 本あるとき，四角形はいくつできますか。

(式)

答え（　　　　　　）

答え▶べっさつ12ページ

10 わり算 ①

時間 25分	とく点
合かく 80点	点

1 次(つぎ)のわり算をしなさい。(24点/1つ2点)

(1) 60÷6　(2) 80÷2　(3) 900÷3

(4) 210÷7　(5) 480÷8　(6) 350÷5

(7) 180÷2　(8) 3600÷6　(9) 4500÷9

(10) 6400÷8　(11) 2800÷7　(12) 3200÷4

2 □にあてはまる不等号(ふとうごう)＞，＜を書きなさい。(12点/1つ3点)

(1) 72÷8 □ 48÷6　(2) 49÷7 □ 18÷2

(3) 36÷6 □ 36÷9　(4) 45÷9 □ 54÷9

3 □にあてはまる数を書きなさい。(24点/1つ4点)

(1) □×6=42　(2) 5×□=25

(3) □×9=54　(4) 30÷□=5

(5) □÷8=64　(6) □÷7=42

4 20 m のひもを切って，2 m のひもをつくろうと思います。2 m のひもは何本つくれますか。(10 点)

(式)

答え (　　　　　)

5 毎日，算数の問題集を 4 ページずつしています。今日，問題をし終わったら，32 ページし終わっていました。問題集をしたのは，何日間ですか。(10 点)

(式)

答え (　　　　　)

6 3 年生が 150 人います。5 人がけの長いすに全員がすわろうと思います。長いすは何きゃくひつようですか。(10 点)

(式)

答え (　　　　　)

7 80 cm のひもで，できるだけ大きな正方形を 1 つつくろうと思います。1 つの辺を何 cm にすればよいですか。(10 点)

(式)

答え (　　　　　)

答え▶べっさつ12ページ

11 わり算 ②

標準クラス

1 次(つぎ)のわり算で，わり切れるものには○を，わり切れないものには×を書きなさい。

(1) 18÷2（　　　）　(2) 26÷6（　　　）

(3) 23÷3（　　　）　(4) 35÷5（　　　）

(5) 57÷7（　　　）　(6) 72÷8（　　　）

2 次のわり算をしなさい。

(1) 31÷5　(2) 44÷6　(3) 19÷4

(4) 7÷2　(5) 65÷7　(6) 47÷8

(7) 22÷3　(8) 15÷4　(9) 27÷5

(10) 14÷3　(11) 23÷6　(12) 75÷9

(13) 38÷8　(14) 17÷2　(15) 31÷4

(16) 61÷7　(17) 80÷9　(18) 11÷3

3 次のわり算で，正しいものには○を，まちがっているものには正しい答えを書きなさい。

(1) 36÷8=4 あまり 4　(　　　　)

(2) 71÷9=8 あまり 1　(　　　　)

(3) 27÷4=5 あまり 7　(　　　　)

(4) 55÷7=7 あまり 6　(　　　　)

(5) 47÷6=7 あまり 5　(　　　　)

(6) 18÷2=8 あまり 2　(　　　　)

(7) 68÷8=9 あまり 4　(　　　　)

(8) 45÷5=8 あまり 5　(　　　　)

4 えん筆(ぴつ)が 58 本あります。7 人で同じ数ずつ分けます。

(1) 1 人に何本ずつ分けられ，何本あまりますか。

(式(しき))

答え (1 人に　　　本で，　　　本あまる。)

(2) あと何本あれば，1 人に 9 本ずつ分けられますか。

(式)

答え (　　　　)

答え▶べっさつ13ページ

11 わり算 ②

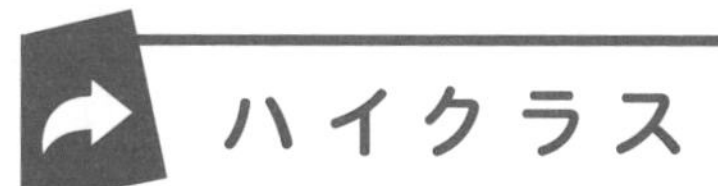

時 間	25分	とく点
合かく	80点	点

1 □にあてはまる数を書きなさい。(24点/1つ3点)

(1) □÷6=4 あまり 3　　(2) □÷7=5 あまり 6

(3) □÷3=6 あまり 2　　(4) □÷5=3 あまり 4

(5) 62÷□=7 あまり 6　　(6) 43÷□=4 あまり 7

(7) 44÷□=8 あまり 4　　(8) 53÷□=7 あまり 4

2 [　　] の中のれいを見て，ふそくのある計算をしなさい。(30点/1つ3点)

(れい) 15÷4=4 ふそく 1　　25÷3=9 ふそく 2

(1) 23÷5　　(2) 45÷7

(3) 13÷2　　(4) 33÷6

(5) 29÷9　　(6) 58÷8

(7) 19÷3　　(8) 40÷7

(9) 35÷4　　(10) 37÷5

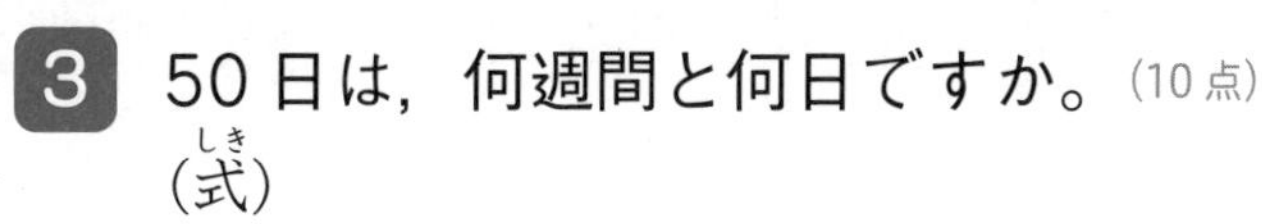

3 50 日は，何週間と何日ですか。(10 点)

(式)

答え（　　　　　　）

4 58 このボールを 8 こずつ箱につめます。ボール全部をつめるためには，何箱ひつようですか。(12 点)

(式)

答え（　　　　　　）

5 えん筆が 5 ダースと 5 本あります。8 人に同じ数ずつになるように分けると，1 人に何本ずつ分けられて，何本あまりますか。(12 点)

(式)

答え（　　　　　　）

6 カードが 55 まいあります。9 人に同じ数ずつ分けるためには，少なくともあと何まいひつようですか。考え方と式も書きなさい。(12 点)

考え方と式（　　　　　　）

答え（　　　　　　）

答え▶べっさつ13ページ

12 わり算 ③

標準クラス

1 次(つぎ)のわり算をしなさい。

(1) 20÷2　　(2) 33÷3

(3) 50÷5　　(4) 66÷2

(5) 44÷4　　(6) 63÷3

(7) 22÷2　　(8) 84÷4

(9) 46÷2　　(10) 88÷2

(11) 99÷3　　(12) 88÷4

2 □の中から，答えが 11，12，13 になるわり算をえらびなさい。

39÷3	48÷4	99÷9	36÷3	77÷7
69÷3	24÷2	28÷2	55÷5	84÷4

(1) 11　(　　　　　　)

(2) 12　(　　　　　　)

(3) 13　(　　　　　　)

3 あめが 26 こあります。2 人で同じ数ずつ分けると，1 人分は何こになりますか。

(式)

答え（　　　　　　）

4 おり紙が 88 まいあります。このおり紙を 4 まいずつ配ると，何人に配れますか。

(式)

答え（　　　　　　）

5 77 ページの本があります。毎日同じページ数ずつ読んで，1 週間で読み終えるには，1 日何ページずつ読めばよいですか。

(式)

答え（　　　　　　）

6 みかんが 69 こあります。3 こずつふくろに入れると，ふくろはいくつできますか。

(式)

答え（　　　　　　）

7 3 つのグループに分かれてまと当てをします。36 このボールを，それぞれのグループに同じ数ずつ分けるには，1 つのグループに何こずつボールを配るとよいですか。

(式)

答え（　　　　　　）

答え▶べっさつ14ページ

12 わり算 ③

時間	25分	とく点
合かく	80点	点

1 次(つぎ)のわり算をしなさい。(24 点/1 つ 2 点)

(1) $22 \div 2$　　(2) $63 \div 3$

(3) $44 \div 2$　　(4) $93 \div 3$

(5) $68 \div 2$　　(6) $66 \div 6$

(7) $240 \div 2$　　(8) $390 \div 3$

(9) $840 \div 2$　　(10) $690 \div 3$

(11) $480 \div 4$　　(12) $770 \div 7$

2 □にあてはまる数を書きなさい。(32 点/1 つ 4 点)

(1) $2 \times \square = 22$　　(2) $2 \times \square = 26$

(3) $4 \times \square = 48$　　(4) $2 \times \square = 84$

(5) $\square \times 2 = 46$　　(6) $\square \times 3 = 66$

(7) $\square \times 2 = 82$　　(8) $\square \times 3 = 99$

3 42 m のひもを切って，2 m のひもをつくります。2 m のひもは何本できますか。(8点)

(式)

答え（　　　　　　）

4 12 まい入りのおり紙が 3 ふくろあります。3 人で同じ数ずつ分けると，おり紙は 1 人何まいになりますか。(8点)

(式)

答え（　　　　　　）

5 クッキーを，いぶきさんは 39 まい，ひなたさんは 45 まい持っています。2 人のクッキーを合わせて，1 ふくろに 4 まいずつ入れようと思います。ふくろは何ふくろひつようですか。(8点)

(式)

答え（　　　　　　）

6 毎日決まったページ数だけ本を読みました。280 ページの本を 1 週間で読み終わりました。1 日何ページずつ読みましたか。(10点)

(式)

答え（　　　　　　）

7 88 cm のひもで，できるだけ大きな正方形を 1 つつくろうと思います。1 つの辺を何 cm にすればよいですか。(10点)

(式)

答え（　　　　　　）

答え▶べっさつ14ページ

13 □を使った式

標準クラス

1 カードを 24 まい持っていました。友だちに何まいかもらったので，持っているカードは全部で 39 まいになりました。もらったカードは何まいですか。

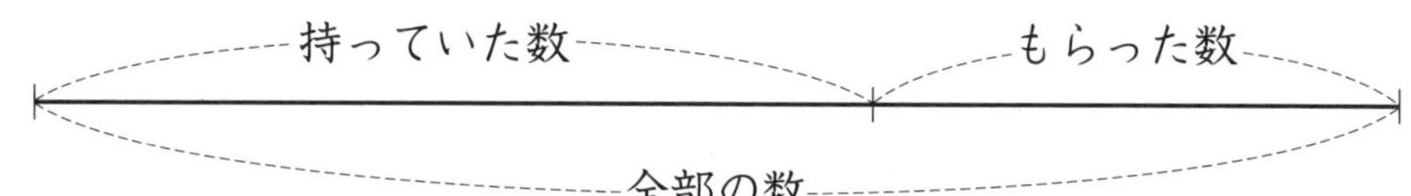

(1) 上の図を見て，ことばの式をかんせいさせなさい。

□ ＋ □ ＝ □

(2) (1)の式で，わからない数を□として式に表して，もらったカードのまい数をもとめなさい。

(式)

答え（　　　　）

2 おはじきを何こか持っています。妹に 20 こあげたので，のこりは 36 こになりました。はじめに持っていたおはじきの数を□ことして式に表し，はじめに持っていたおはじきの数をもとめなさい。

(式)

答え（　　　　）

3 アイスクリームを 10 こ買って，550 円はらいました。アイスクリーム I このねだんは何円ですか。

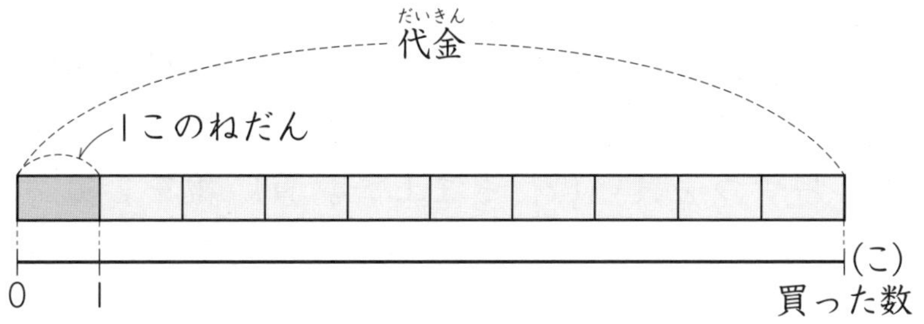

(1) 上の図を見て，ことばの式をかんせいさせなさい。

□ × □ ＝ □

(2) (1)の式で，わからない数を□として式に表して，アイスクリーム I このねだんをもとめなさい。

(式)

答え（　　　　　）

4 88 このあめを 8 こずつ箱（はこ）に入れます。あめが 8 こ入った箱は何箱できますか。

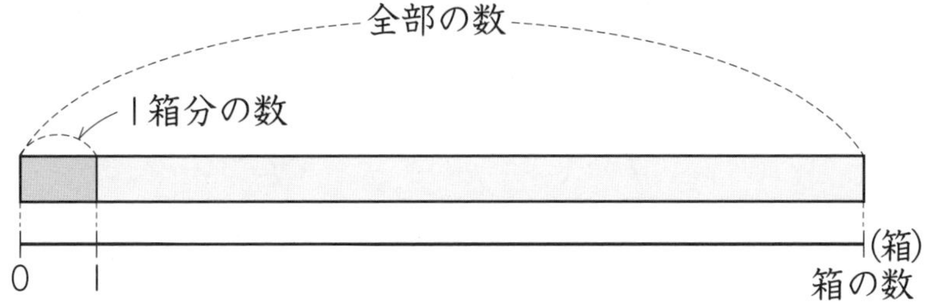

(1) 上の図を見て，ことばの式をかんせいさせなさい。

□ × □ ＝ □

(2) (1)の式で，わからない数を□として式に表して，箱の数をもとめなさい。

(式)

答え（　　　　　）

答え▶べっさつ15ページ

13 □を使った式 ハイクラス

時 間 25分	とく点
合かく 80点	点

1 次の問題文を，ことばの式に表しなさい。また，□を使った式に表して，答えをもとめなさい。(48点/1つ12点)

(1) 500円持って，おやつを買いに行きました。買い物をして，お金が170円のこりました。おやつの代金はいくらですか。

ことばの式(　　　　)−(　　　　)=(　　　　)

(□を使った式)

答え(　　　　)

(2) 公園に何人かいました。あとから28人やってきたので，公園にいる人は全員で59人になりました。はじめに公園にいたのは何人ですか。

ことばの式(　　　　)+(　　　　)=(　　　　)

(□を使った式)

答え(　　　　)

(3) ペンを9本買って720円はらいました。ペン1本のねだんは何円ですか。

ことばの式(　　　　)×(　　　　)=(　　　　)

(□を使った式)

答え(　　　　)

(4) おり紙を同じまい数ずつ7人で分けたら，1人24まいずつになりました。おり紙は全部で何まいありましたか。

ことばの式(　　　　)÷(　　　　)=(　　　　)

(□を使った式)

答え(　　　　)

2 次の問題文を，□を使った式に表して，答えをもとめなさい。

(24 点/1 つ 12 点)

(1) まり子さんは，今日お兄さんからえん筆(ぴつ)を１ダースもらったので，50 本になりました。はじめに持っていたえん筆は何本ですか。

(式)

答え（　　　　　　）

(2) リボンを 35 cm ずつ切っていたら，ちょうど 42 本とれました。はじめにリボンは何 cm ありましたか。

(式)

答え（　　　　　　）

3 ともきさんは 168 ページの本を読んでいます。今日は 35 ページ読みました。あと 29 ページで読み終(お)わります。ともきさんはきのうまでに何ページ読んでいましたか。□を使った式に表してもとめなさい。

(14 点)

(式)

答え（　　　　　　）

4 66 このクッキーを 7 こずつふくろにつめたら，3 こあまりました。ふくろは何ふくろできましたか。□を使った式に表してもとめなさい。

(14 点)

(式)

答え（　　　　　　）

チャレンジテスト⑤

答え▶べっさつ15ページ

時間 25分	とく点
合かく 80点	点

1 次(つぎ)のわり算をしなさい。わり切れないものは，あまりも出しなさい。

（24点/1つ2点）

(1) 14÷2　　(2) 27÷3

(3) 43÷7　　(4) 75÷8

(5) 28÷4　　(6) 25÷3

(7) 14÷3　　(8) 30÷5

(9) 50÷7　　(10) 40÷6

(11) 48÷9　　(12) 32÷4

2 □にあてはまる数を書きなさい。（24点/1つ4点）

(1) □÷5=6 あまり 2　　(2) 25÷□=8 あまり 1

(3) 30÷8=□ あまり 6　　(4) 23÷4=5 あまり □

(5) 51÷□=4 あまり 3　　(6) 95÷□=8 あまり 7

3 次の計算をしなさい。(32点/1つ4点)

(1) 40÷8÷5

(2) 56÷7÷2

(3) 72÷9÷4

(4) 28÷7÷4

(5) 36÷6+4

(6) 45÷9+9

(7) 27÷3−8

(8) 18÷3−6

4 運動会(うんどうかい)で3年生54人が短(たん)きょり走(そう)をします。1組5人ずつに分けて全員(ぜんいん)が走るとすると，何組走ることになりますか。(10点)

(式(しき))

答え（　　　　　　）

5 1こ270円のアイスクリームを3こ買って，おつりを190円もらいました。出したお金は何円ですか。□を使った式に表してもとめなさい。(10点)

(式)

答え（　　　　　　）

チャレンジテスト⑥

答え▶べっさつ16ページ

時間	25分	とく点
合かく	80点	点

1 次のわり算をしなさい。(20点/1つ2点)

(1) 44÷4　　(2) 36÷3

(3) 48÷2　　(4) 62÷2

(5) 280÷4　　(6) 480÷6

(7) 490÷7　　(8) 560÷8

(9) 1200÷3　　(10) 1400÷2

2 □にあてはまる等号=，不等号＞，＜を書きなさい。(32点/1つ4点)

(1) 64÷8 □ 72÷9　　(2) 48÷4 □ 55÷5

(3) 60÷6 □ 77÷7　　(4) 120÷4 □ 63÷3

(5) 33÷3 □ 77÷7　　(6) 50÷5 □ 22÷2

(7) 66÷6 □ 90÷9　　(8) 48÷2 □ 69÷3

3 次の計算をしなさい。(32 点/1 つ 4 点)

(1) $16\times3\div8$

(2) $63\div7\times3$

(3) $36\div9\times8$

(4) $54\div6\div3$

(5) $(15+66)\div9$

(6) $(121-44)\div7$

(7) $99\div(86-77)$

(8) $(63+21)\div4\div3$

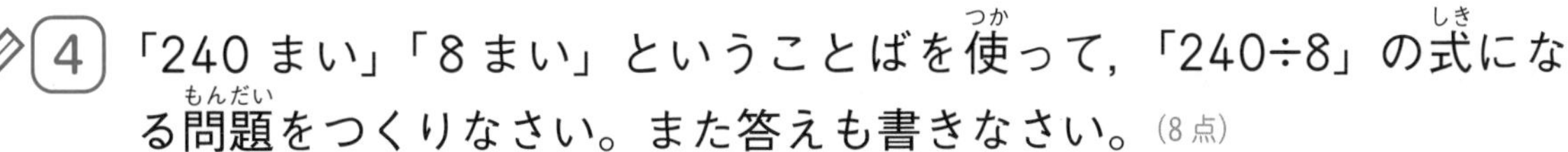

4 「240 まい」「8 まい」ということばを使って，「240÷8」の式になる問題をつくりなさい。また答えも書きなさい。(8 点)

問題（　　　　　　　　　　　　　　　　　　　　）

答え（　　　　　　）

5 リボンを 6 cm ずつ切り取りました。6 cm のリボンが 26 本できて，4 cm あまりました。もとのリボンの長さは何 cm ですか。□を使った式に表してもとめなさい。(8 点)

(式)

答え（　　　　　　）

答え▶べっさつ16ページ

14 時こくと時間

1 □にあてはまる数を書きなさい。

(1) 2分=□秒(びょう)　　(2) 180秒=□分

(3) 120分=□時間　　(4) 5時間=□分

(5) 3日=□時間　　(6) 1分50秒=□秒

(7) 75分=□時間□分　　(8) 210秒=□分□秒

(9) 10分=□秒　　(10) 1時間=□秒

2 長い時間のじゅんにならべなさい。

9時間　　85秒　　60分　　1日

(　　→　　→　　→　　)

3 (　)にあてはまるたんいを書きなさい。

(1) おふろに入っていた時間　　20(　　)

(2) 50m走るのにかかった時間　　10(　　)

(3) 読書をしていた時間　　25(　　)

(4) 社会見学に行っていた時間　　6(　　)

4 今の時こくは，午前3時27分です。

(1) 20分たつと，何時何分ですか。

(　　　　　　　　　　)

(2) 40分前は，何時何分ですか。

(　　　　　　　　　　)

(3) 正午まで何時間何分ありますか。

(　　　　　　　　　　)

5 次(つぎ)の計算をしなさい。

(1)

	時	分
	4	37
+	3	14

(2)

	時	分
	3	40
+	2	30

(3)

	分	秒
	13	28
+	4	35

(4)

	時	分
	5	43
−	3	26

(5)

	時	分
	4	20
−	1	50

(6)

	分	秒
	25	32
−	13	51

6 ひろしさんとこうじさんはマラソン大会に出ました。ひろしさんの記ろくは，10分52秒でした。こうじさんは，ひろしさんより23秒おくれてゴールしました。こうじさんの記ろくは何分何秒ですか。

(　　　　　　　　　　)

14 時こくと時間

答え▶べっさつ17ページ

時間 25分	とく点
合かく 80点	点

1 図を見て，下の問(と)いに答えなさい。

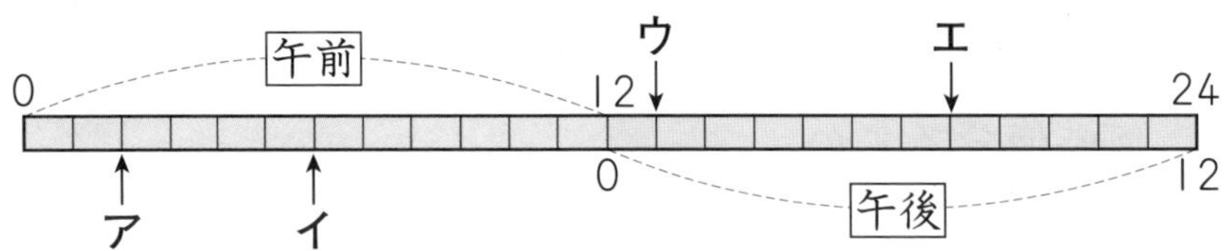

(1) ↑の時こくを，午前や午後を使(つか)わない24時せいで読みなさい。(20点/1つ5点)

ア（　　　）イ（　　　）ウ（　　　）エ（　　　）

(2) ウからエまでの時間は何分ですか。(5点)

（　　　）

(3) アからウまでと，イからエまでの時間では，どちらが何時間長いですか。(10点)

（　　　）

2 次(つぎ)の計算をして，□にあてはまる数を書きなさい。(25点/1つ5点)

(1) 4時間28分＋3時間54分＝□時間□分＝□分

(2) 6分28秒－2分19秒＝□分□秒＝□秒

(3) 2日－29時間＝□時間

(4) 1時間－25分＋25秒＝□秒

(5) 3時間36分＋28分36秒＝□時間□分□秒

3 お父さんの時計は１分 30 秒進んでいます。いま，お父さんの時計は７時 18 分 40 秒です。正しい時こくは，何時何分何秒ですか。(10 点)

（　　　　　）

4 よし子さんのお兄さんは，夕食のあと，２時間 15 分勉強をすることにしています。勉強を始めたのが６時 45 分です。(20 点/1 つ 10 点)

(1) 勉強が終わるのは，何時ですか。

（　　　　　）

(2) お兄さんは，10 時にねることにしています。勉強がすんでから，何分休めますか。

（　　　　　）

5 あきらさんは，お父さんを駅までむかえに行きます。電車は９時 15 分に着くことになっています。電車が着く 15 分前に，駅に着くように行くには，家を何時何分に出たらよいですか。家から駅までは，20 分かかるそうです。(10 点)

（　　　　　）

答え▶べっさつ17ページ

15 長　さ

標準クラス

1 (　)にあてはまるたんいを書きなさい。

(1) ノートのたての長さ　25 (　　　)

(2) グラウンド１しゅうの長さ　200 (　　　)

(3) 富士山（ふじさん）の高さ　3776 (　　　)

(4) １時間に歩く道のり　4 (　　　)

2 下の図は，まきじゃくの一部（いちぶ）です。↓のところは，何ｍ何 cm ですか。

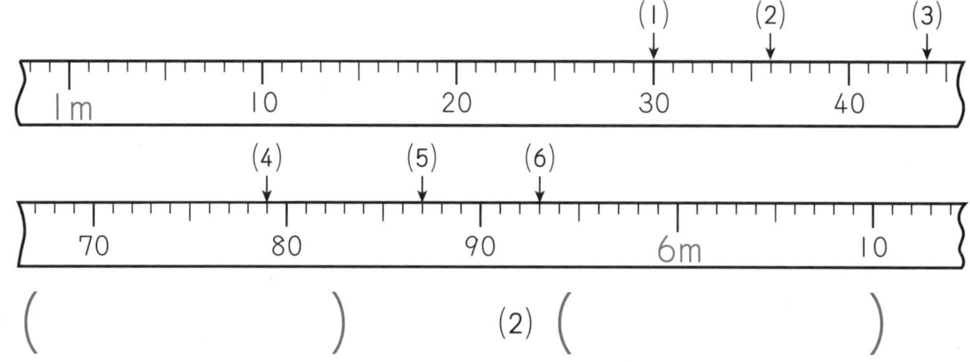

(1) (　　　)　(2) (　　　)

(3) (　　　)　(4) (　　　)

(5) (　　　)　(6) (　　　)

3 □にあてはまる数を書きなさい。

(1) 4 km=□m　(2) 2 km 800 m=□m

(3) 3000 m=□km　(4) 5750 m=□km□m

(5) 4700 m=□km□m　(6) 6 km 90 m=□m

4 次(つぎ)の計算をしなさい。

(1) 3 km+1 km 500 m　(2) 1 km 500 m+2700 m

(3) 4 km 50 m+2500 m　(4) 2 km−1 km 900 m

(5) 5 km 40 m−890 m　(6) 7085 m−4 km 265 m

5 下の図は，はるかさんの家から学校までの道のりときょりをはかったものです。

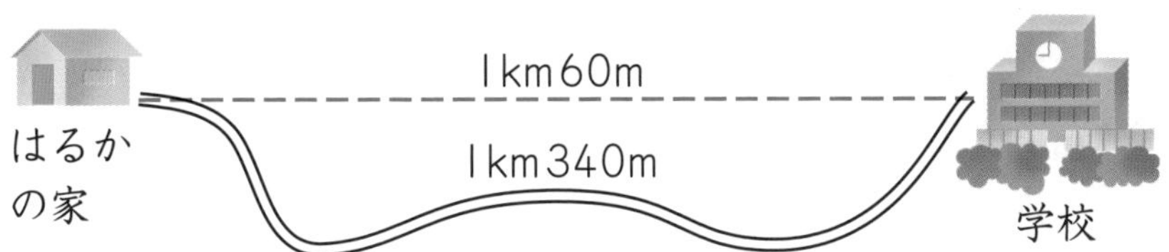

(1) 道のりときょりは，それぞれ何mですか。

道のり（　　　　）　きょり（　　　　）

(2) 道のりときょりでは，どちらがどれだけ長いですか。

（　　　が　　　m長い。）

答え▶べっさつ18ページ

15 長さ

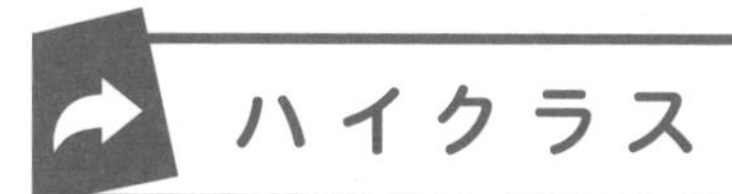

時間 25分　合かく 80点　とく点 点

1 □にあてはまる数を書きなさい。(12点/1つ2点)

(1) 6000 m=□km

(2) 3800 m=□km□m

(3) 1060 m=□km□m

(4) 6 km 900 m=□m

(5) 30000 m=□km

(6) 10 km 70 m=□m

2 次(つぎ)の計算をしなさい。(16点/1つ2点)

(1) 1 km 500 m+3 km 200 m

(2) 2 km 800 m+4 km 400 m

(3) 6 km 720 m+3 km 490 m

(4) 2 km 60 m+5 km 870 m

(5) 6 km 800 m−4 km 300 m

(6) 7 km 270 m−5 km 690 m

(7) 4538 m−2 km 640 m

(8) 7 km 20 m−4850 m

3 □にあてはまる数を書きなさい。(12点/1つ2点)

(1) 300 m×4=□m

(2) 800 m÷2=□m

(3) 400 m×7=□km□m

(4) 1 km 600 m÷4=□m

(5) 700 m×20=□km

(6) 54 km÷6=□m

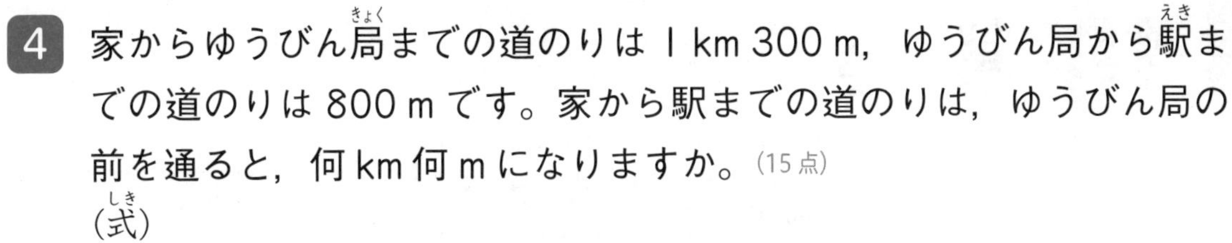

4 家からゆうびん局までの道のりは 1 km 300 m，ゆうびん局から駅までの道のりは 800 m です。家から駅までの道のりは，ゆうびん局の前を通ると，何 km 何 m になりますか。(15 点)

(式)

答え（　　　　　　）

5 毎日，1100 m のジョギングをします。1 週間では，何 km 何 m 走ることになりますか。(15 点)

(式)

答え（　　　　　　）

6 右の図を見て，問いに答えなさい。

(30 点/1 つ 15 点)

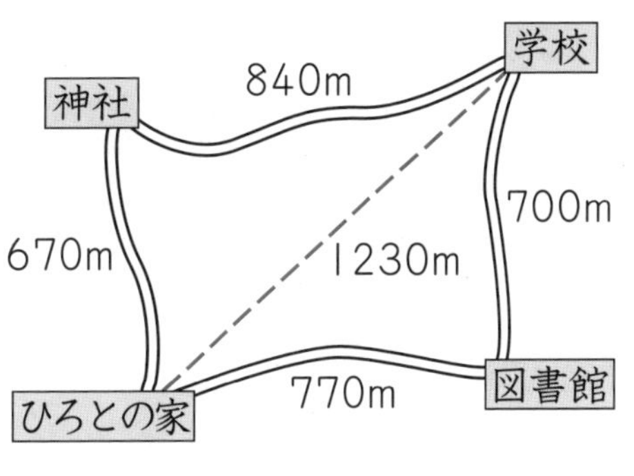

(1) ひろとさんが，家から神社を通って学校へ行く道のりと，家から学校までのきょりでは，どちらがどれだけ長いですか。

(式)

答え（　　　　　　）

(2) ひろとさんは，行きは神社を通って学校まで歩き，帰りは図書館を通って家まで歩きました。全部で，何 km 何 m 歩いたことになりますか。

(式)

答え（　　　　　　）

答え▶べっさつ18ページ

16 重さ

標準クラス

1 どれだけの重さですか。

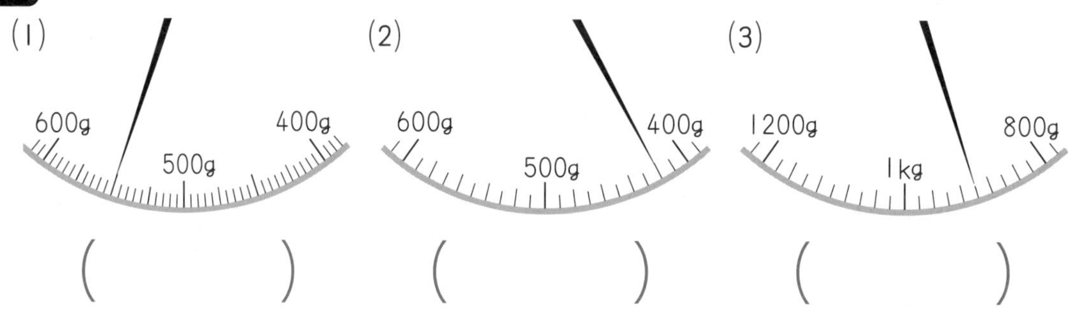

(1) (　　　)　(2) (　　　)　(3) (　　　)

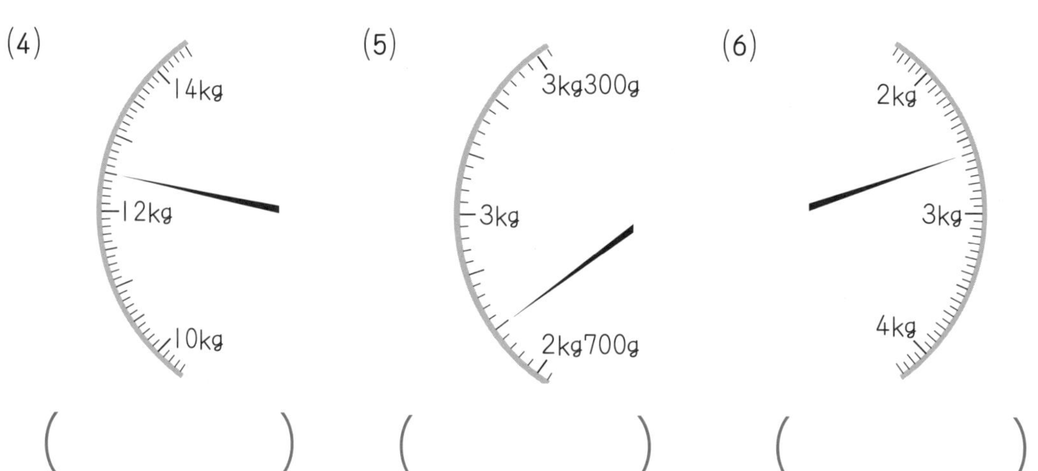

(4) (　　　)　(5) (　　　)　(6) (　　　)

2 □にあてはまる数を書きなさい。

(1) 7 kg = □ g　(2) 3000 g = □ kg

(3) 4800 g = □ kg □ g　(4) 2650 g = □ kg □ g

(5) 3 kg 700 g = □ g　(6) 1 t = □ kg

3 (　)に，あてはまるたんいを書きなさい。

(1) お兄さんの体重　28(　　　)

(2) ノート１さつの重さ　170(　　　)

(3) クッキー１この重さ　16(　　　)

4 次の計算をしなさい。

(1) 4 kg＋3 kg　　(2) 8 kg－5 kg

(3) 3 kg 200 g＋1 kg 500 g　　(4) 4 kg 850 g＋2 kg 720 g

(5) 6 kg 800 g－3 kg 400 g　　(6) 5 kg 300 g－1 kg 600 g

(7) 1 kg 750 g＋150 g　　(8) 4 kg 670 g＋800 g

(9) 6 kg 920 g－580 g　　(10) 3 kg 250 g－400 g

5 次の□にあてはまる数やたんいを書きなさい。

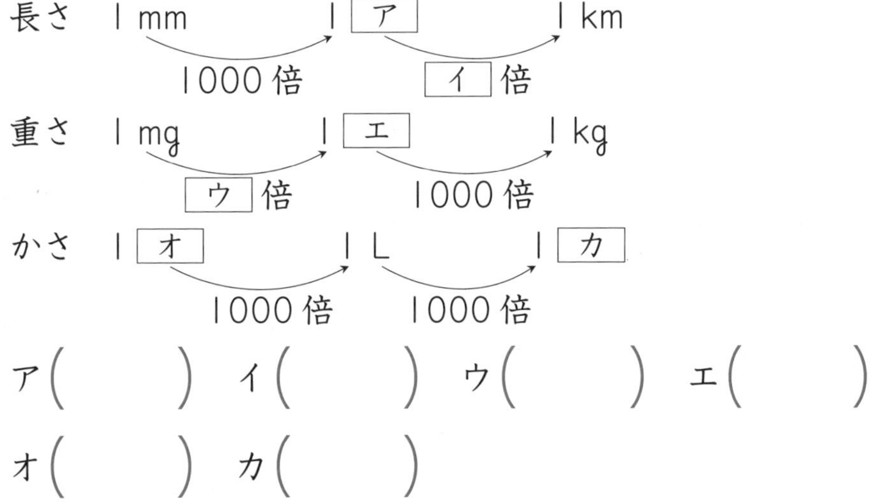

答え▶べっさつ19ページ

16 重(おも)さ

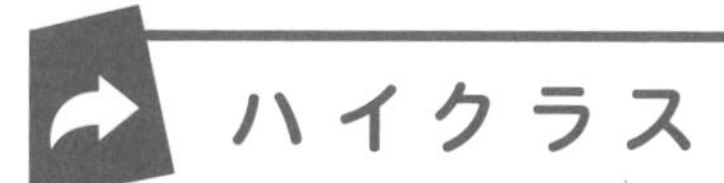

時間	25分	とく点
合かく	80点	点

1 □にあてはまる数を書きなさい。(20点/1つ2点)

(1) 4000 g=□kg

(2) 3240 g=□kg□g

(3) 2030 g=□kg□g

(4) 5 kg 3 g=□g

(5) 4 kg 56 g=□g

(6) 1 kg 205 g=□g

(7) 3 kg 80 g=□g

(8) 5000 kg=□t

(9) 4 g=□mg

(10) 3000 mg=□g

2 次(つぎ)の計算をしなさい。(30点/1つ3点)

(1) 1 kg 400 g+3 kg 750 g

(2) 3 kg 407 g+2 kg 625 g

(3) 1 kg 940 g+520 g

(4) 4 kg 300 g−1 kg 750 g

(5) 2 kg 150 g−1 kg 370 g

(6) 1 kg 270 g−985 g

(7) 1 kg 650 g+2 kg 730 g+960 g

(8) 6 kg 360 g−2 kg 400 g−980 g

(9) 4 kg 380 g+1 kg 950 g−2 kg 460 g

(10) 3 kg 250 g−2 kg 370 g+465 g

3 どれだけの重さですか。(12点/1つ4点)

(1) (2) (3)

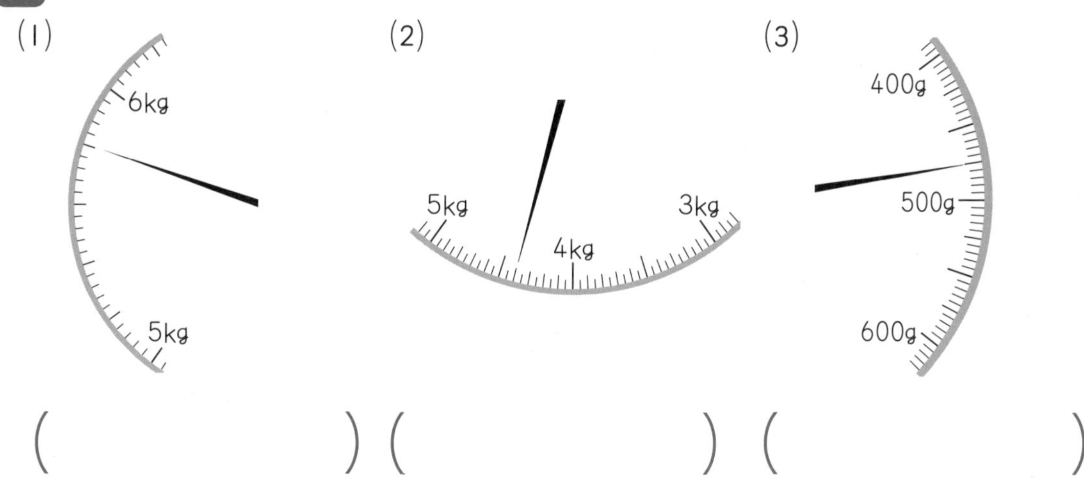

( ) ( ) ( )

4 ジュースの入ったコップの重さをはかると，540 g でした。ジュースを飲(の)んだあと，コップだけの重さをはかると，250 g でした。ジュースの重さは，何 g でしたか。(8点)

(式(しき))

答え ( )

5 700 g のおかしが，50 g の箱(はこ)に入っています。このおかしの箱を 8 箱合わせると，重さは何 kg になりますか。(10点)

(式)

答え ( )

6 600 g の箱に，1 kg 450 g の荷物(にもつ)と，980 g の荷物を入れました。全部(ぜんぶ)の重さは何 kg 何 g になりますか。(10点)

(式)

答え ( )

7 1 こ 265 g のボール半ダース(6 こ)が，箱に入っています。箱だけの重さは 300 g です。全部の重さは何 kg 何 g になりますか。(10点)

(式)

答え ( )

答え▶べっさつ19ページ

時間	25分	とく点
合かく	80点	点

チャレンジテスト⑦

1 □にあてはまる数を書きなさい。（10点/1つ2点）

(1) 215秒=□分□秒

(2) 1時間45分+2時間38分=□時間□分

(3) 3分24秒+2分39秒=□分□秒

(4) 5時間16分−2時間48分=□時間□分

(5) 2分3秒−1分46秒=□秒

2 □にあてはまる数を書きなさい。（12点/1つ3点）

(1) 3 km 500 m+5 km 800 m=□km□m

(2) 4 km 200 m−2 km 600 m=□km□m

(3) 2 km 300 m+3 km 800 m+400 m=□km□m

(4) 5 km 100 m−1 km 90 m−1 km 700 m=□km□m

3 □にあてはまる数を書きなさい。（24点/1つ3点）

(1) 1 kg 3 g=□g

(2) 2 kg□g=2600 g

(3) 4 kg 200 g=□g

(4) 6 kg 50 g=□g

(5) 2 t 400 kg=□kg

(6) □t□kg=5800 kg

(7) 3 kg 900 g+600 g+2 kg 800 g=□kg□g

(8) 1 t 200 g−500 kg−300 kg 70 g=□kg□g

4 くみ子さんは動物園に，午前９時 45 分に入園しました。いろいろな動物を見学をして，午後３時 20 分に動物園を出ました。動物園に何時間何分いましたか。（10 点）

(　　　　　　)

5 あきらさんは，きのう午後６時 50 分からおふろに入って，午後７時 17 分に出ました。あきらさんは毎日ねる前に，15 分読書をしています。（28 点/1 つ 14 点）

(1) きのう，あきらさんがおふろに入っていた時間は何分ですか。

(　　　　　　)

(2) 1 週間で読書をした時間は何時間何分ですか。

(　　　　　　)

6 ゆうたさんは，おじさんの家に行くために家を出発して，駅へむかいました。家を出て７分後にバスに乗って，図書館前でおりました。バスに乗っていた時間は４分でした。図書館で宿題の調べものをするために 28 分すごし，おじさんへのおみやげを買うためにスーパーマーケットで買い物をしたあと，駅に着きました。駅に着いたとき，図書館を出てから 15 分たっていました。駅の時計を見ると，時こくは午前 10 時 42 分でした。ゆうたさんが家を出た時こくは，午前何時何分でしたか。（16 点）

(　　　　　　)

チャレンジテスト⑧

答え▶べっさつ20ページ

時間 25分	とく点
合かく 80点	点

1 □にあてはまる数を書きなさい。(20点/1つ5点)

(1) 600 m×9=□km□m　(2) 2 km 400 m÷6=□m

(3) 400 m×70=□km　(4) 56 km÷8=□m

2 □にあてはまる数を書きなさい。(12点/1つ3点)

(1) 800 g×6=□kg□g

(2) 1 t 200 kg÷6=□kg

(3) 4 t 90 kg×80=□t□kg

(4) 6 t 300 kg÷3=□t□kg

3 1週間で，6 km 300 m のジョギングをしました。毎日同じコースを走っています。1日何 m 走ったことになりますか。(10点)

(式)

答え(　　　　)

4 1こ 52 g のチョコレート8こが，130 g の箱に入っています。この箱が5箱あります。全部の重さは何 kg 何 g になりますか。(10点)

(式)

答え(　　　　)

5 東京から大阪まで 553 km あります。(16点/1つ8点)

(1) 名古屋から大阪まで，187 km あります。東京から名古屋まで，何 km ありますか。

(式)

答え（　　　　　）

(2) 名古屋から東京までと，名古屋から大阪までのどちらが何 km 遠いですか。

(式)

答え（　　　　　）

6 800 g のかんづめと 250 g のクッキーのセットが，70 g の箱に入っています。このセットを 8 箱合わせると，重さは何 kg 何 g になりますか。(10点)

(式)

答え（　　　　　）

7 500 g の箱に，1 kg 350 g の荷物を 4 つ入れました。全部の重さは何 kg 何 g になりますか。(10点)

(式)

答え（　　　　　）

8 1 本 425 g のジュースが，1 ダース箱に入っています。箱だけの重さは 900 g です。全部の重さは何 kg になりますか。(12点)

(式)

答え（　　　　　）

答え▶べっさつ21ページ

17 小　数

1 □にあてはまる数を書きなさい。

(1) 0.1 が 28 こで, □ になります。

(2) 0.2 を 10 倍(ばい)すると, □ になります。

(3) 23 を 10 でわると, □ になります。

(4) 4.7 は5より, □ だけ小さい数です。

(5) 10 が8こと, 0.1 が 14 こで, □ になります。

2 □にあてはまる数を書きなさい。

(1) 2 dL＝□ L　　(2) 15 L 7 dL＝□ L

(3) 100 m＝□ km　　(4) 150 cm＝□ m

(5) 1600 mm＝□ m　　(6) 30 分＝□ 時間

3 □にあてはまる数を書きなさい。

(1) 6.6 ― □ ― □ ― □ ― 7 ― 7.1 ― □

(2) □ ― 5 ― 4.9 ― □ ― □ ― 4.6

4 □にあてはまる不等号(ふとうごう)＞，＜を書きなさい。

(1) 5.4 t □ 5 t 40 kg　　(2) 0.2 dL □ 200 mL

5 長いじゅんに記号(きごう)をならべなさい。

ア 13.2 cm　　イ 1302 mm　　ウ 13.2 m

（　　→　　→　　）

6 かさの大きいじゅんに記号をならべなさい。

ア 1.3 L　　イ 130.1 dL　　ウ 130 mL

（　　→　　→　　）

7 1目もりは何 m ですか。

(1) 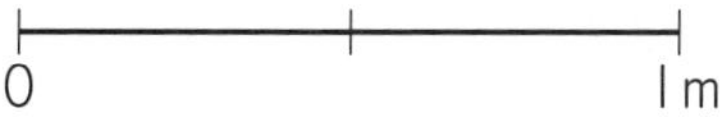 0 ―― 1m（目もり2つ）　　（　　　）

(2) 0 ―― 2m（目もり4つ）　　（　　　）

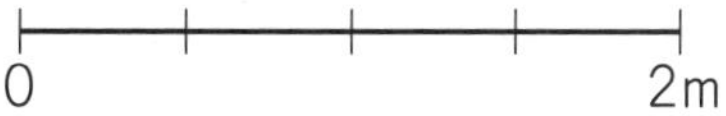

(3) 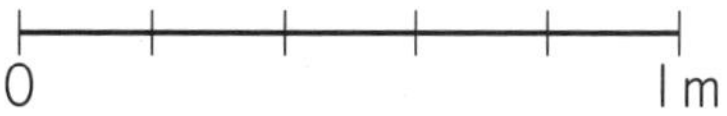 0 ―― 1m（目もり5つ）　　（　　　）

8 □にあてはまるものを，ア～エから1つえらびなさい。

(1) 家から学校まで歩いて 20 分です。道のりは□です。

ア 1500 mm　　イ 0.1 m　　ウ 1.1 km　　エ 0.1 km

(2) ハンカチの1辺(ぺん)の長さは□です。

ア 30 mm　　イ 0.3 cm　　ウ 0.3 m　　エ 0.3 km

答え▶べっさつ21ページ

17 小 数

時 間	25分	とく点
合かく	80点	点

1 □にあてはまる数を書きなさい。(15点/1つ5点)

(1) 0.2 — 0.4 — □ — 0.8 — □ — □

(2) □ — 0.9 — □ — 1.5 — 1.8 — □

(3) 9.9 — □ — □ — 8.7 — □ — 7.9

2 □にあてはまる数を書きなさい。(30点/1つ3点)

(1) 800 mg = □ g

(2) □ g = 0.2 kg

(3) □ g □ mg = 5.6 g

(4) 8500 g = □ kg

(5) □ kg = 1.7 t

(6) 9 kg 100 g = □ kg

(7) □ L = 0.9 kL

(8) □ mL = 9.8 L

(9) 67700 mL = □ L

(10) 14.3 dL = □ mL

3 長いじゅんに記号(きごう)をならべなさい。(12点/1つ4点)

(1) ア 17.2 km　イ 1790 m　ウ 17 km 98 m

(　　→　　→　　)

(2) ア 0.1 km　イ 110 m　ウ 12000 cm

(　　→　　→　　)

(3) ア 1000 mm　イ 10 cm　ウ 0.9 m

(　　→　　→　　)

4 □にあてはまる数を書きなさい。(10点/□1つ2点)

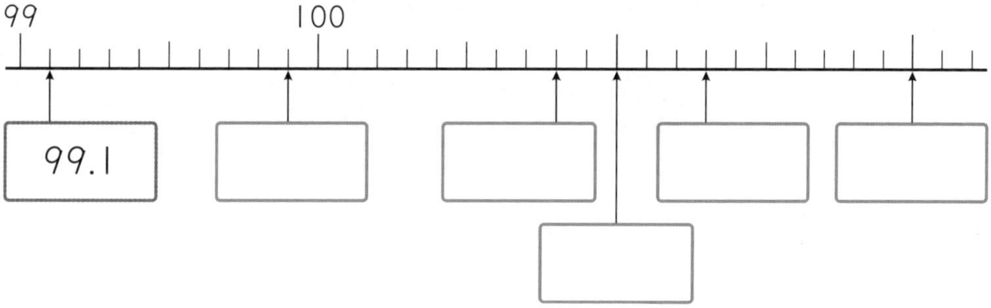

5 □にあてはまる数を書きなさい。(25点/1つ5点)

(1) 0.1が12こと，10が24こで，□です。

(2) 29.7は，0.1が□こ集(あつ)まった数です。

(3) 0.1を□こ集めた数は4です。

(4) 10より0.1小さい数は□です。

(5) 123.4の小数第一位(だいいちい)の数は□です。

6 次(つぎ)のア～エは，299.8という数をせつ明した文です。正しいせつ明文をすべてえらんで，記号(きごう)で答えなさい。(8点)

ア 10を29こと，0.1を8こ集めた数です。

イ 300より0.2小さい数です。

ウ 100を2こと，0.1を998こ集めた数です。

エ 0.1を2989こ集めた数です。

(　　　　　)

答え▶べっさつ21ページ

18 小数のたし算とひき算

標準クラス

1 次(つぎ)の計算をしなさい。

(1) 0.4+0.3

(2) 0.2+0.8

(3) 3.3+1.8

(4) 2.7+0.5

(5) 6.4+0.9

(6) 1.2+3.8

(7) 7+2.6

(8) 4.2+9

(9) 0.9−0.3

(10) 1−0.2

(11) 5.8−1.6

(12) 4.7−0.4

(13) 6.2−2.3

(14) 3.8−0.9

(15) 4−0.3

(16) 8−4.7

2 しょう油が，小さいびんに 2.9 L，大きいびんに 3.4 L 入っています。合わせると何 L ですか。

（式）

答え（　　　　　　）

3 リボンが 7.3 m あります。2.5 m 使うと，のこりは何 m ですか。

（式）

答え（　　　　　　）

4 ジュースを 0.3 L 飲むと，2.7 L のこりました。はじめにジュースは何 L ありましたか。

（式）

答え（　　　　　　）

5 かんに 2.9 dL の油が入っています。もう 1 つのかんには，0.5 dL の油が入っています。油は全部で何 dL ありますか。

（式）

答え（　　　　　　）

6 長さが 8.4 m のロープと長さが 7.6 m のロープがあります。長さのちがいは何 m ですか。

（式）

答え（　　　　　　）

18 小数のたし算とひき算

答え▶べっさつ22ページ

時間 25分	とく点
合かく 80点	点

1 次の計算をしなさい。(24点/1つ3点)

(1) 23.1+1.5　　(2) 4.8+11.6

(3) 14.3+60.5　　(4) 72.4+25.3

(5) 37.8−12.4　　(6) 27.9−27.6

(7) 86.3−40.2　　(8) 58.3−3.7

2 次の計算をしなさい。(18点/1つ3点)

(1) 4.2+1.6+1.8　　(2) 7.9+3+1.5

(3) 5.9+4.7+12.4　　(4) 7.8−2.1−1.9

(5) 15.3−8.7−6.5　　(6) 4.8−3.8−0.6

3 とも子さんはリボンを 2.8 m 持っています。妹は 130 cm 持っています。リボンは全部で何 m ありますか。(10点)

(式)

答え (　　　　　　)

4 ひろしさんは赤ちゃんをだいて体重をはかりました。2人合わせた体重は 37.4 kg でした。ひろしさんの体重は 31.8 kg です。赤ちゃんの体重は何 kg ですか。(10点)

(式)

答え (　　　　　　)

5 水そうに水が 8.6 L 入っていました。そこから水を 4.7 L ぬいて，新しい水を 5.3 L 入れました。水そうに入っている水は何 L ですか。(14点)

(式)

答え (　　　　　　)

6 油をきのう 2.8 dL 使いました。今日は 2.2 dL 使いました。のこった油は，4.3 dL でした。はじめに何 dL ありましたか。(10点)

(式)

答え (　　　　　　)

7 牛にゅうが 2 L あります。きのう 0.5 L 飲みました。今日はお母さんと合わせて 0.8 L 飲みました。のこりは何 L ですか。(14点)

(式)

答え (　　　　　　)

答え▶べっさつ22ページ

19 分 数

標準クラス

1 □にあてはまる分数か整数を書きなさい。

(1)

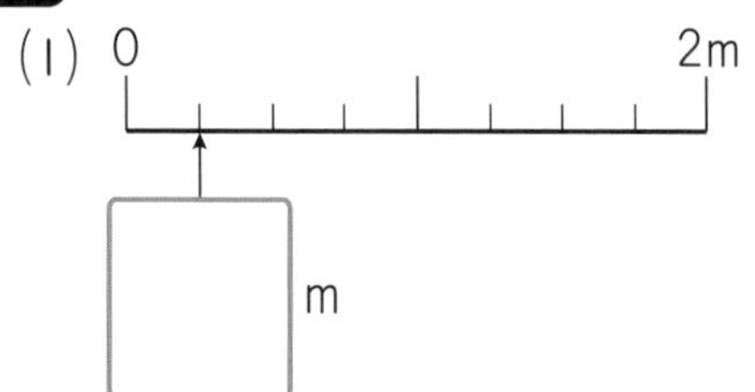

(2)

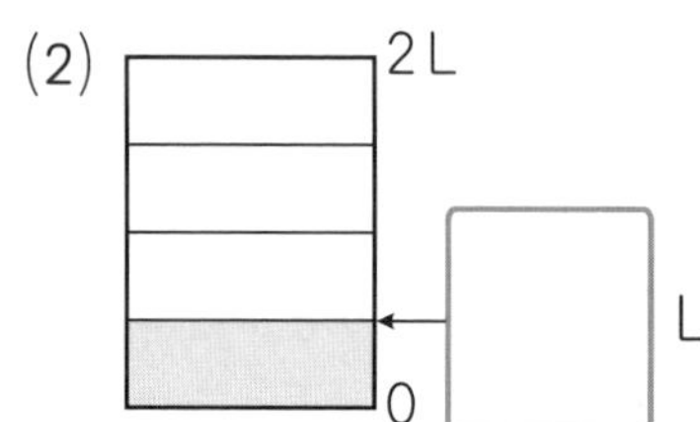

(3)

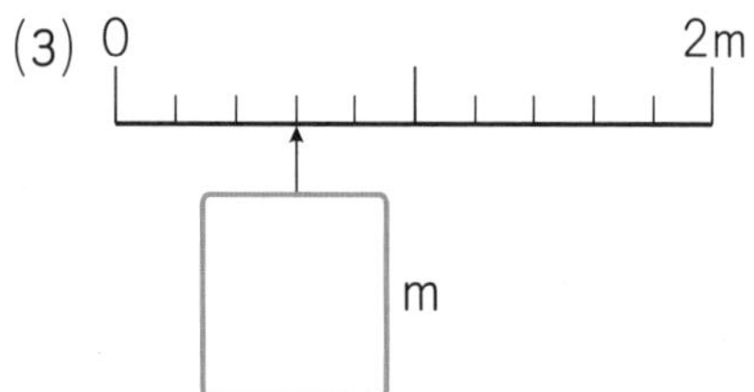

(4)

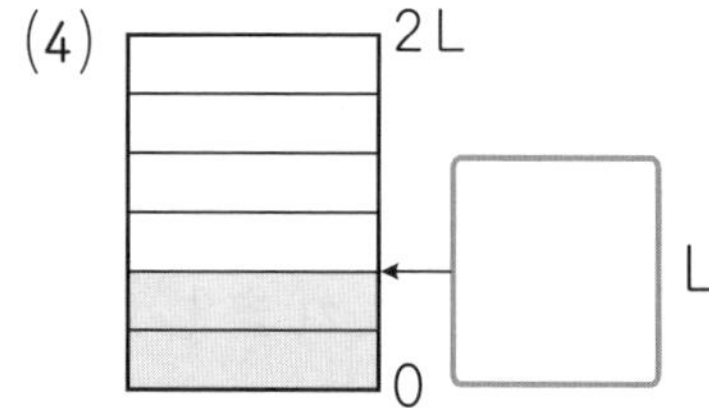

(5)

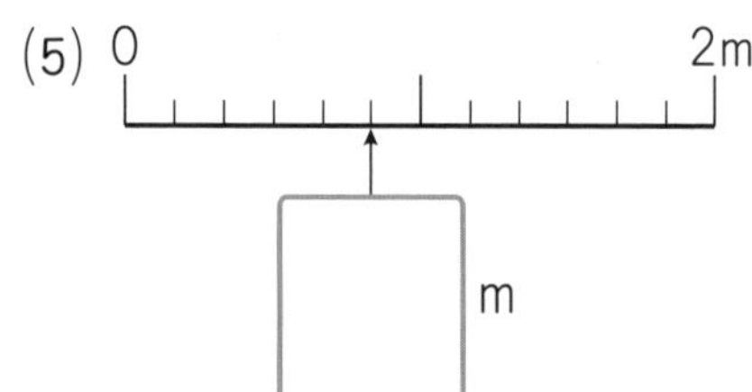

(6)

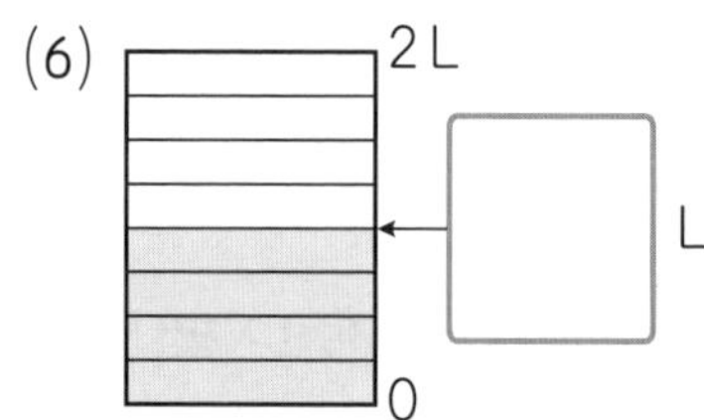

2 次の円・正方形・長方形は１を表しています。色のついた部分を分数で表しなさい。

(1)

(　　　　　)

(2)

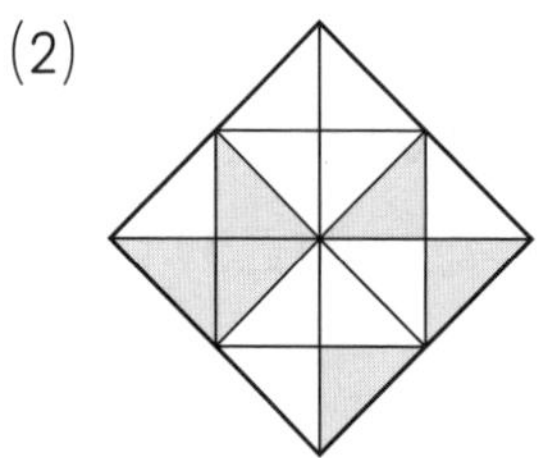

(　　　　　)

(3)

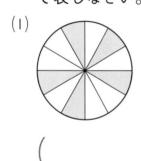

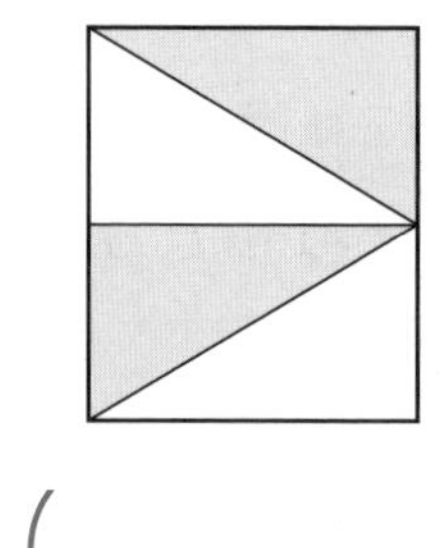

(　　　　　)

3 円の形に切りぬいた紙㋐があります。この紙を半分におり，それをまた半分におり，それをまた半分におると㋑の形になりました。㋑は㋐の何分の１の大きさですか。

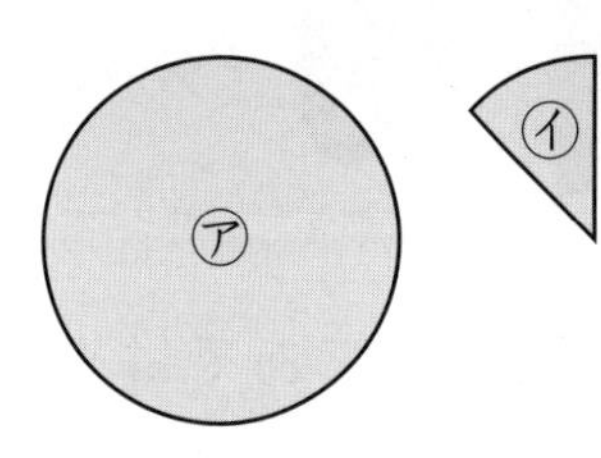

（　　　　）

4 □にあてはまる数を書きなさい。

(1) $\frac{6}{7}$ は□の６こ分です。

(2) $\frac{8}{7}$ は $\frac{1}{7}$ の□こ分です。

(3) $\frac{1}{3}$ の２倍(ばい)は□です。

(4) $\frac{1}{13}$ の８倍は□です。

5 □にあてはまる不等号(ふとうごう)＞，＜を書きなさい。

(1) $\frac{2}{3}$ □ $\frac{1}{3}$　　(2) $\frac{3}{8}$ □ $\frac{5}{8}$

(3) $\frac{5}{10}$ □ $\frac{4}{10}$　　(4) $\frac{2}{19}$ □ $\frac{7}{19}$

(5) $\frac{6}{7}$ □ １　　(6) １ □ $\frac{18}{20}$

6 次の数を大きいじゅんにならべなさい。

１，$\frac{7}{18}$，$\frac{13}{18}$

（　　→　　→　　）

19 分数

答え▶べっさつ22ページ

時間	25分	とく点
合かく	80点	点

1 □にあてはまる不等号(ふとうごう)＞，＜を書きなさい。(16点/1つ4点)

(1) $\frac{1}{17}$ □ $\frac{1}{16}$　　(2) 1 □ $\frac{24}{25}$

(3) $\frac{5}{9}$ □ $\frac{5}{8}$　　(4) 1.1 □ $\frac{9}{10}$

2 $\frac{2}{13}$，$\frac{2}{5}$，$\frac{2}{11}$ の3つの数のうち，もっとも小さい数はどれですか。(5点)

(　　　　)

3 0.5，$\frac{2}{10}$，$\frac{5}{9}$ の3つの数を，小さいじゅんにならべなさい。(5点)

(　　→　　→　　)

4 □にあてはまる数を書きなさい。(16点/1つ4点)

(1) $\frac{61}{7}$ は，$\frac{1}{7}$ を □ こ集(あつ)めた数です。

(2) $\frac{21}{10}$ と同じ大きさの小数は，□ です。

(3) $\frac{7}{19}$ は，1より $\frac{□}{19}$ だけ小さい数です。

(4) 1より $\frac{7}{8}$ 大きい分数は，$\frac{□}{8}$ です。

5 □にあてはまる数を書きなさい。(8点/1つ4点)

(1) $\frac{\square}{9}$, $\frac{\square}{\square}$, $\frac{6}{9}$, $\frac{8}{9}$, $\frac{10}{\square}$, $\frac{12}{\square}$, ……

(2) $\frac{1}{\square}$, $\frac{1}{\square}$, $\frac{1}{12}$, $\frac{1}{9}$, $\frac{\square}{\square}$, $\frac{\square}{3}$

6 □にあてはまる整数か分数を書きなさい。(30点/1つ5点)

(1) $\frac{3}{10}$ L＝□dL

(2) $\frac{6}{10}$ cm＝□mm

(3) 7 mm＝□cm

(4) $\frac{1}{10}$ km＝□m

(5) $\frac{1}{2}$ kg＝□g

(6) 700 mL＝□L

7 □にあてはまる数を書きなさい。(20点/1つ5点)

(1) 500円の $\frac{1}{5}$ の金がくは□円です。

(2) 240 g の肉の $\frac{1}{4}$ の重さは□gです。

(3) □L の水の $\frac{1}{6}$ のかさは6 L です。

(4) 1時間の $\frac{1}{6}$ は□分です。

答え▶べっさつ23ページ

20 分数のたし算とひき算

標準クラス

1 次(つぎ)の計算をしなさい。

(1) $\frac{1}{2}+\frac{1}{2}$

(2) $\frac{1}{5}+\frac{1}{5}$

(3) $\frac{3}{8}+\frac{5}{8}$

(4) $\frac{4}{6}+\frac{1}{6}$

(5) $\frac{5}{7}+\frac{1}{7}$

(6) $\frac{7}{10}+\frac{2}{10}$

(7) $\frac{3}{7}+\frac{4}{7}$

(8) $\frac{4}{9}+\frac{5}{9}$

(9) $\frac{3}{4}-\frac{2}{4}$

(10) $\frac{4}{6}-\frac{2}{6}$

(11) $\frac{6}{7}-\frac{4}{7}$

(12) $\frac{4}{8}-\frac{2}{8}$

(13) $\frac{8}{9}-\frac{7}{9}$

(14) $\frac{9}{10}-\frac{2}{10}$

(15) $1-\frac{2}{8}$

(16) $1-\frac{1}{5}$

2 $\frac{1}{5}$ kg のさとうが入っているふくろと，$\frac{3}{5}$ kg のさとうが入っているふくろがあります。2つのふくろに入っているさとうを合わせると，何 kg になりますか。

(式)

答え（　　　　　　　）

3 $\frac{6}{7}$ m のテープと $\frac{5}{7}$ m のテープがあります。ちがいは何 m ですか。

(式)

答え（　　　　　　　）

4 牛にゅうを $\frac{2}{10}$ L 飲むと，$\frac{7}{10}$ L のこりました。はじめに牛にゅうは何 L ありましたか。

(式)

答え（　　　　　　　）

5 小さいびんに水が $\frac{2}{9}$ L 入っています。大きいびんには，小さいびんより $\frac{5}{9}$ L 多く水が入っています。大きいびんに入っている水は何 L ですか。

(式)

答え（　　　　　　　）

6 ピザが 1 まいあります。$\frac{3}{8}$ まい食べると，のこりは何まいですか。

(式)

答え（　　　　　　　）

20 分数のたし算とひき算 ハイクラス

答え▶べっさつ23ページ

時間 25分 | 合かく 80点 | とく点 点

1 次の計算をしなさい。(24点/1つ3点)

(1) $\frac{1}{9}+\frac{1}{9}+\frac{5}{9}$

(2) $\frac{5}{10}+\frac{4}{10}+\frac{2}{10}$

(3) $\frac{5}{8}+\frac{1}{8}+\frac{2}{8}$

(4) $\frac{1}{7}+\frac{3}{7}+\frac{3}{7}$

(5) $\frac{4}{5}-\frac{1}{5}-\frac{2}{5}$

(6) $\frac{7}{8}-\frac{6}{8}-\frac{1}{8}$

(7) $1-\frac{1}{10}-\frac{4}{10}$

(8) $1-\frac{1}{9}-\frac{7}{9}$

2 次の計算をしなさい。(24点/1つ4点)

(1) $\frac{2}{10}+0.2$

(2) $\frac{1}{10}+0.5$

(3) $0.3+\frac{3}{10}$

(4) $\frac{9}{10}-0.3$

(5) $\frac{7}{10}-0.5$

(6) $\frac{8}{10}-0.1$

3 とも子さんはリボンを $\frac{7}{10}$ m 持っています。姉は $\frac{2}{10}$ m 持っています。妹は $\frac{4}{10}$ m 持っています。リボンは全部で何 m ありますか。(10点)

(式)

答え（　　　　　）

4 ひろしさんの家から図書館までの道のりは，1.2 km です。えりさんの家から図書館までの道のりは，$\frac{8}{10}$ km です。2人の家から図書館までの道のりのちがいは，何 km ですか。分数で答えなさい。(10点)

(式)

答え（　　　　　）

5 びんに水が $\frac{9}{12}$ L 入っていました。そこから水を $\frac{4}{12}$ L コップに注ぎ，びんに新しい水を $\frac{7}{12}$ L 入れました。びんに入っている水は何 L ですか。(10点)

(式)

答え（　　　　　）

6 はじめに，油が $\frac{9}{7}$ dL ありました。きのう $\frac{2}{7}$ dL 使いました。今日は $\frac{4}{7}$ dL 使いました。のこった油は何 dL ですか。(11点)

(式)

答え（　　　　　）

7 牛にゅうが $\frac{7}{8}$ L ありました。きのう $\frac{3}{8}$ L 飲みました。今日 $\frac{4}{8}$ L 買ってきました。牛にゅうは，合わせて何 L になりますか。(11点)

(式)

答え（　　　　　）

答え▷べっさつ24ページ

時 間 25分	とく点
合かく 80点	点

チャレンジテスト⑨

1 □にあてはまる数を書きなさい。(24点/1つ3点)

(1) 600 m=□km

(2) □g=700 mg

(3) 3900 g=□kg

(4) □t=2500 kg

(5) □kL=800 L

(6) 1620 mL=□dL

(7) □mm=9.4 m

(8) 73600 mL=□L

2 長いじゅんに記号(きごう)をならべなさい。(15点/1つ5点)

(1) ア 14.8 km　イ 14.9 km　ウ 149400 cm
エ 14934 m

(　→　→　→　)

(2) ア 0.2 km　イ 210 m　ウ 12200 cm
エ 1220000 mm

(　→　→　→　)

(3) ア 30 cm　イ 0.4 m　ウ 3500 mm
エ 3.6 m

(　→　→　→　)

3 次の計算をしなさい。(40点/1つ5点)

(1) 0.5+0.4+0.3

(2) 0.9+0.8+0.7

(3) 3.2+2.6−1.9

(4) 0.7−0.4+0.1

(5) 1.9−0.5−0.8

(6) 5.1−1.9−3.1

(7) 12.1−5.3+8.7

(8) 6.6+9.9−7.7

4 次の小数の筆算は，まちがっています。そのわけをせつ明しなさい。また，正しい答えも書きなさい。(11点)

$$\begin{array}{r} 5.2 \\ -2.8 \\ \hline 3.4 \end{array}$$

わけ（　　　　　　　　　　）

答え（　　　　　　）

5 長さが，1.3 m の赤色のリボンと 1.8 m の青色のリボンと 0.9 m の緑色のリボンがあります。この３本のリボンを，つなぎ目を 5 cm 重ねてのりではり合わせると，テープの長さは何 m になりますか。(10点)

(式)

答え（　　　　　　）

答え▶べっさつ24ページ

時間	25分	とく点
合かく	80点	点

チャレンジテスト⑩

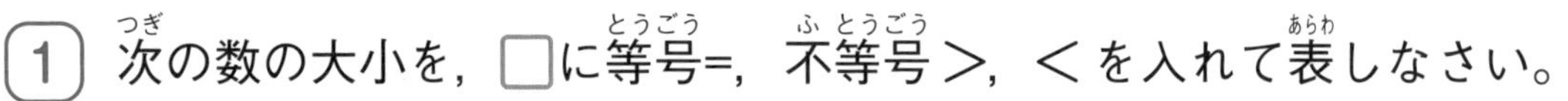

1 次(つぎ)の数の大小を，□に等号(とうごう)=，不等号(ふとうごう)＞，＜を入れて表(あらわ)しなさい。

(24点/1つ3点)

(1) $1 \ \square \ \frac{1}{2}$　　(2) $\frac{9}{9} \ \square \ 1$

(3) $\frac{1}{5} \ \square \ \frac{1}{6}$　　(4) $\frac{10}{11} \ \square \ 1$

(5) $\frac{5}{7} \ \square \ \frac{5}{8}$　　(6) $0.3 \ \square \ \frac{5}{10}$

(7) $\frac{1}{10} \ \square \ 0.1 \ \square \ 0$　　(8) $\frac{2}{10} \ \square \ 0.3 \ \square \ \frac{3}{5}$

2 □にあてはまる数を求めなさい。(24点/1つ3点)

(1) $\square + 1.8 = 7.2$　　(2) $\square - 5.5 = 10.5$

(3) $8.4 - \square = 7.9$　　(4) $6.4 + \square = 14$

(5) $\square - \frac{2}{5} = \frac{2}{5}$　　(6) $\square + \frac{6}{10} = 1$

(7) $\frac{7}{13} + \square = \frac{12}{13}$　　(8) $1.1 - \square = \frac{8}{10}$

3 次の計算をしなさい。(32点/1つ4点)

(1) $\frac{9}{10}-0.9$

(2) $1.1-\frac{2}{10}$

(3) $\frac{6}{8}+\frac{5}{8}+\frac{2}{8}$

(4) $\frac{9}{14}+\frac{13}{14}+\frac{3}{14}$

(5) $\frac{15}{17}-\frac{8}{17}-\frac{6}{17}$

(6) $1-\frac{7}{16}-\frac{4}{16}$

(7) $\frac{6}{10}+0.7-\frac{11}{10}$

(8) $1.2-\frac{9}{10}+0.7$

4 次の分数のたし算は，まちがっています。そのわけをせつ明しなさい。また，正しい答えも書きなさい。(10点)

$\frac{2}{3}+\frac{1}{3}=\frac{3}{6}$

わけ（　　　　　　　　　　）

答え（　　　　　　）

5 のぞみさんは $\frac{3}{10}$ m，みくさんは 0.5 m のテープを持(も)っていましたが，のぞみさんは 10 cm，みくさんは 40 cm を使(つか)いました。のこっているテープは，どちらが何 m 長いですか。(10点)

(式(しき))

答え（　　　　　　）

答え▶べっさつ25ページ

21 ぼうグラフと表

標準クラス

1 あきらさんは家族の身長を調べて，右のようなぼうグラフをつくりました。

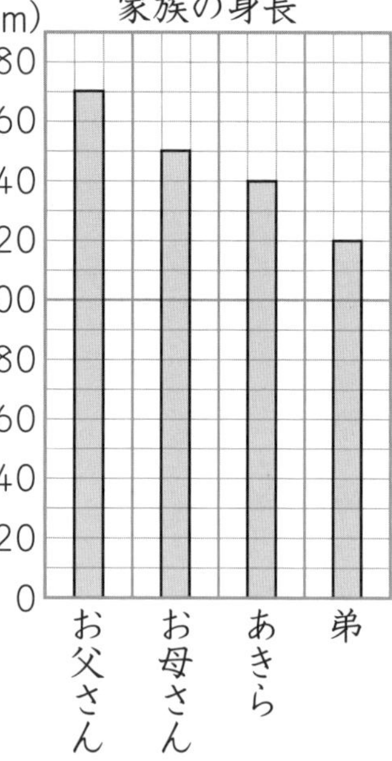

(1) 1目もりは，何cmを表していますか。

(　　　　)

(2) いちばん身長が高いのはだれで何cmですか。

(　　　　　　で　　　cm)

(3) お母さんの身長は何cmですか。

(　　　　)

(4) お父さんとあきらさんの身長のちがいは，何cmですか。

(　　　　)

2 1目もりを5人とすると，下のグラフはそれぞれ何人を表していますか。

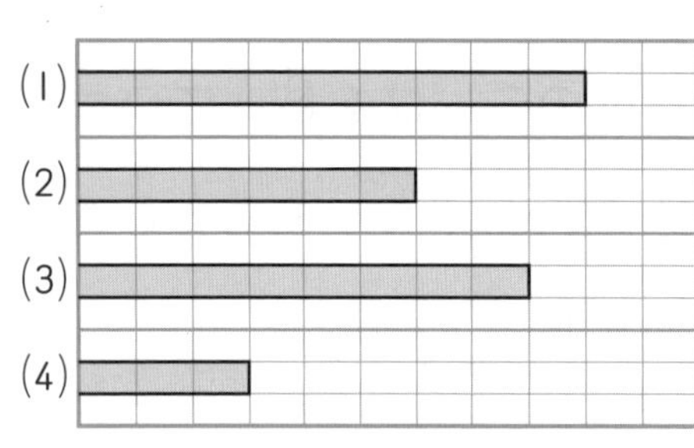

(1) (　　　　)

(2) (　　　　)

(3) (　　　　)

(4) (　　　　)

3 グラフを見て，下の問いに答えなさい。

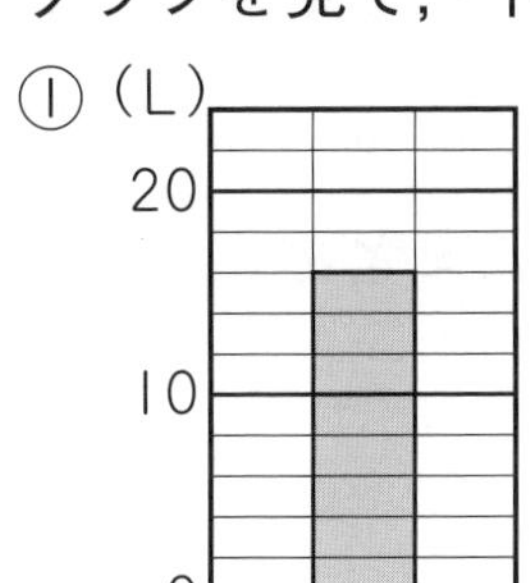

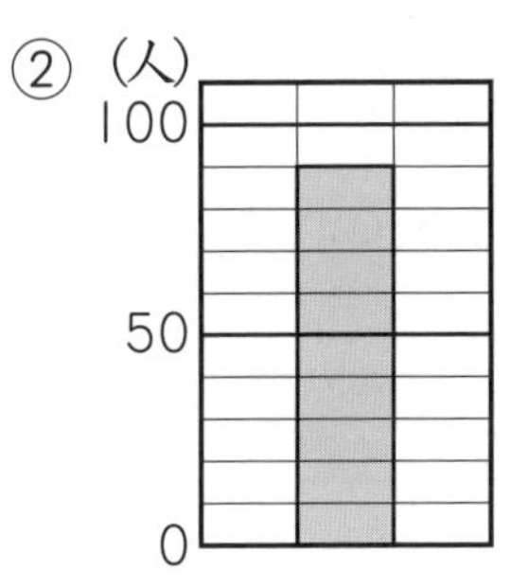

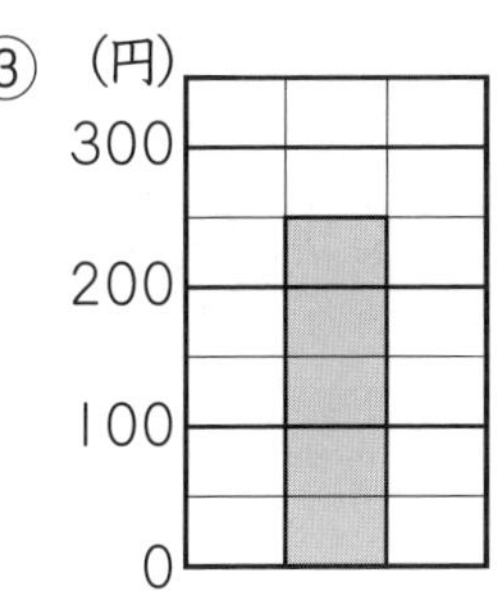

(1) 1目もりは，どれだけを表していますか。

①（　　　　）　②（　　　　）　③（　　　　）

(2) それぞれのぼうグラフは，どれだけを表していますか。

①（　　　　）　②（　　　　）　③（　　　　）

4 次の表は，図書室が1週間にかし出した本の数を調べたものです。これをぼうグラフに表します。

かし出した本の数

しゅるい	物語	でん記	図かん	絵本	その他
数(さつ)	22	12	16	10	8

(1) 表題は，何ですか。

（　　　　　　）

(2) たんいは，何ですか。

（　　　　）

(3) 数の多いじゅんに，ぼうグラフに表しなさい。

（　）（　　　　　　）

20

10

0

(4) 1週間にかし出した本の数は，全部で何さつですか。

（　　　　）

答え▶べっさつ25ページ

21 ぼうグラフと表

時間 25分	とく点
合かく 80点	点

1 3年生で虫歯のある人を調べて，下のような表にまとめました。

虫歯のある人調べ

	1組	2組	3組	4組	合計
男子	㋐	2	5	9	24
女子	6	7	㋒	4	㋓
合計	14	㋑	8	13	44

(1) 表の㋐〜㋓に入る数字を書きなさい。(20点/1つ5点)

(2) 4組の女子で，虫歯のある人は何人ですか。(5点)　(　　　)

(3) 3組の男子と女子では，どちらのほうが虫歯のある人が多いですか。(5点)　(　　　)

(4) 1組の全体と2組の全体では，どちらのほうが虫歯のある人が多いですか。(5点)　(　　　)

(5) 3年生全体で虫歯のある人は，何人ですか。(5点)　(　　　)

2 小学校内のどこでけがをしたかについて調べました。(20点)

場所	1組	2組
運動場	13	11
うら庭	8	9
体育館	6	7
教室	5	6
その他	3	2

表を見て，1組は□，2組は■として，「その他」のれいにならって，ぼうグラフに表しなさい。

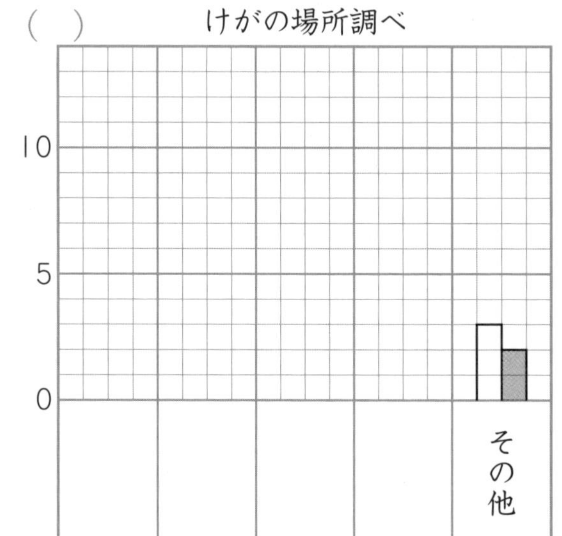

3 あるクラスの1週間のわすれ物（もの）を調べました。

(25点/1つ5点)

わすれ物調べ

	月	火	水	木	金	合計
教科書	3	1	0	2	2	
ノート	2	2	1	3	1	
消（け）しゴム	1	3	0	2	1	
えん筆（ぴつ）	2	0	1	2	1	
合計						

(1) 月曜日にわすれ物をした人は，全部（ぜんぶ）で何人ですか。

(　　　　)

(2) 火曜日に消しゴムをわすれた人は，何人ですか。

(　　　　)

(3) 1週間で，えん筆をわすれた人の合計は，何人ですか。

(　　　　)

(4) 1週間で，どのわすれ物がいちばん多かったですか。

(　　　　)

(5) 1週間で，わすれ物をした人の合計は，何人ですか。

(　　　　)

4 4月から9月までの雨の日数を調べて，右のようなぼうグラフに表しました。

(日間)　雨の日数調べ

縦軸：0, 10, 20　横軸：4月, 5月, 6月, 7月, 8月, 9月

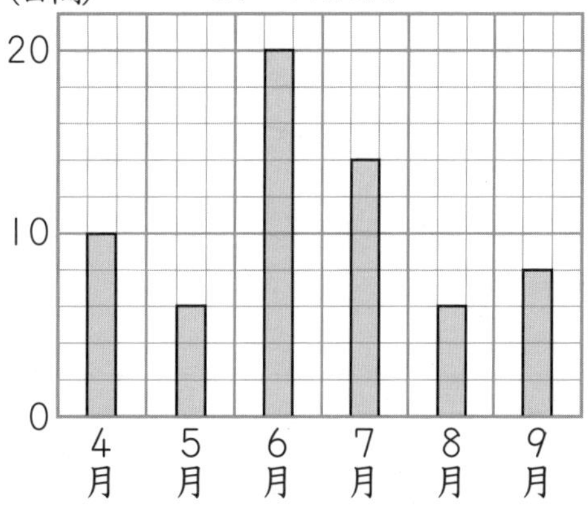

(1) 雨の日がいちばん多かったのは，何月で何日間ですか。(10点)

(　　　　月で　　　　日間)

(2) 6月の雨の日数は，4月の雨の日数の何倍（なんばい）ですか。(5点)

(　　　　)

答え▶べっさつ26ページ

22 円と球

標準クラス

1 コンパスを使って，半径が 2.5 cm の円と直径が 6 cm の円をかきなさい。

2 次のアの四角形のまわりの長さと，イの長さはどちらが長いですか。下の直線に，コンパスで長さを写しとってくらべなさい。

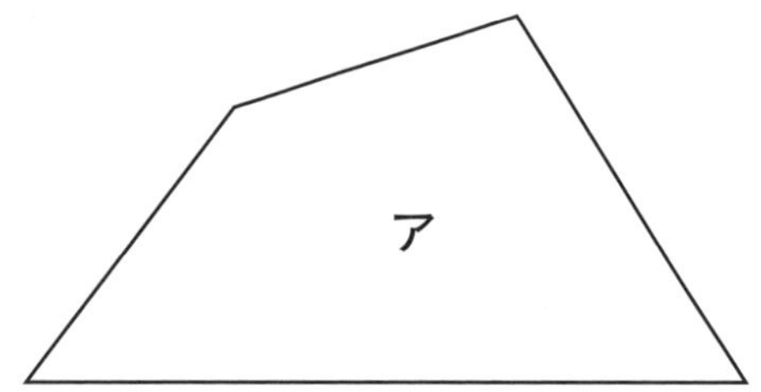

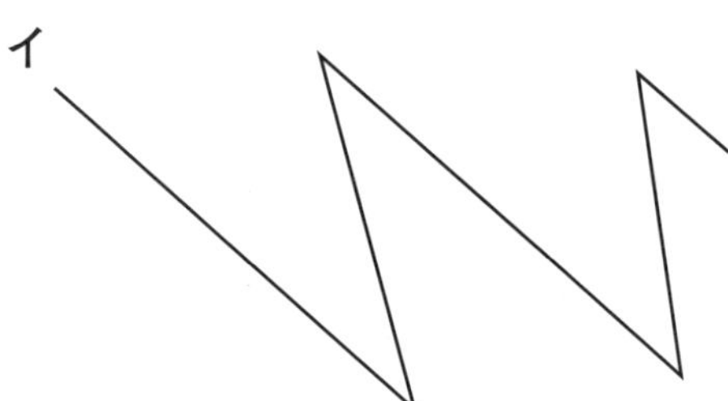

(　　　　)

3 右の図の円の直径はどちらも 24 cm です。三角形㋐のまわりの長さをもとめなさい。
(式)

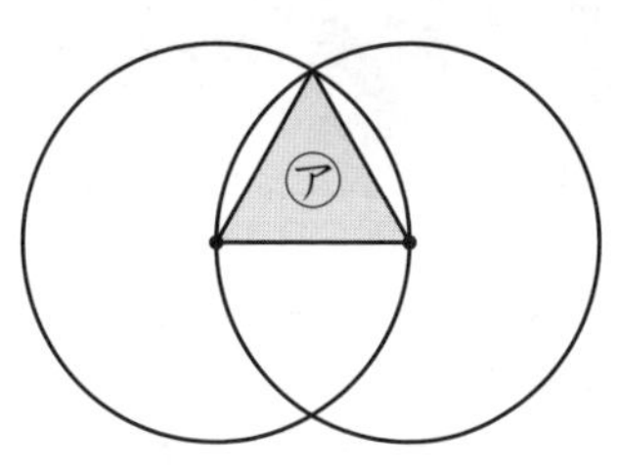

答え (　　　　)

4 右の図の大きい円の半径は 8 cm です。小さい円の半径の長さをもとめなさい。
(式)

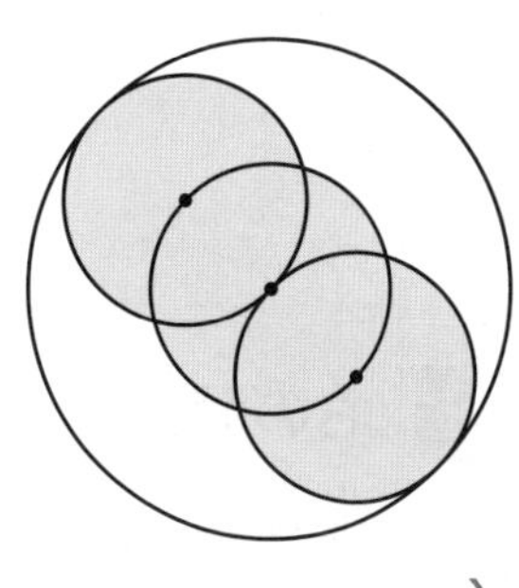

答え (　　　　)

5 右の図のように，小さい円と大きい円でもようをかきました。大きい円の半径は 18 cm です。小さい円の直径は何 cm ですか。
(式)

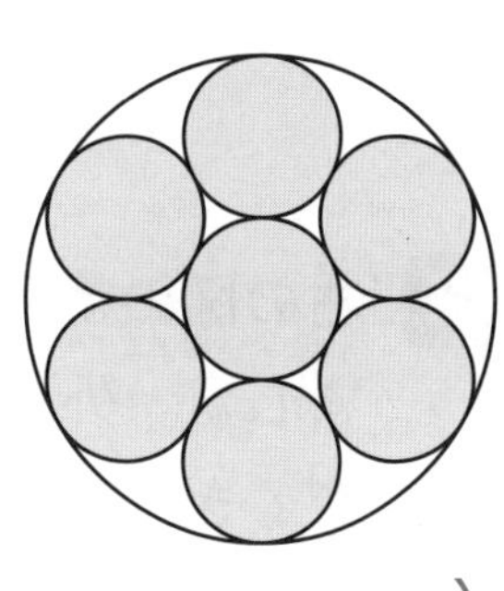

答え (　　　　)

6 下の図のように，球を(1)と(2)の 2 か所で切りました。切り口の形をア～エの記号で答えなさい。(ただし，大きさは考えず，同じものをえらんでもかまいません。)

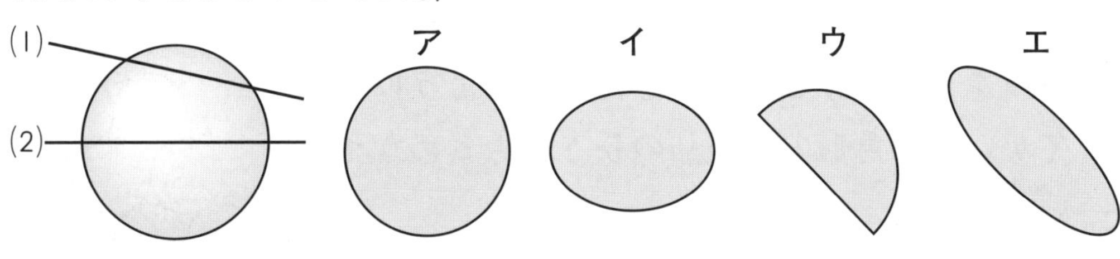

(1) (　　　　)　(2) (　　　　)

答え▶べっさつ26ページ

時間	25分	とく点
合かく	80点	点

22 円と球(きゅう)

1 右の図のように，半径(はんけい)3cmの円が5こつながっています。それぞれの円の中心を，ア→イ→ウ→エ→オ→アのじゅんに通ると，長さは何cmになりますか。(15点)

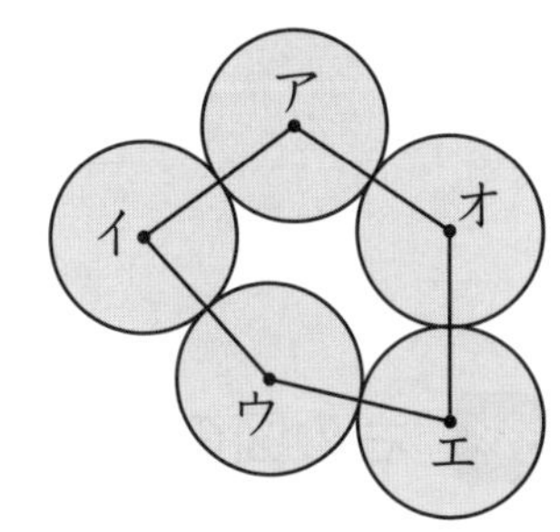

(式(しき))

答え（　　　　）

2 右の図で，大きい半円の中にある小さい円の半径は，どれも5cmです。㋐の長さをもとめなさい。(15点)

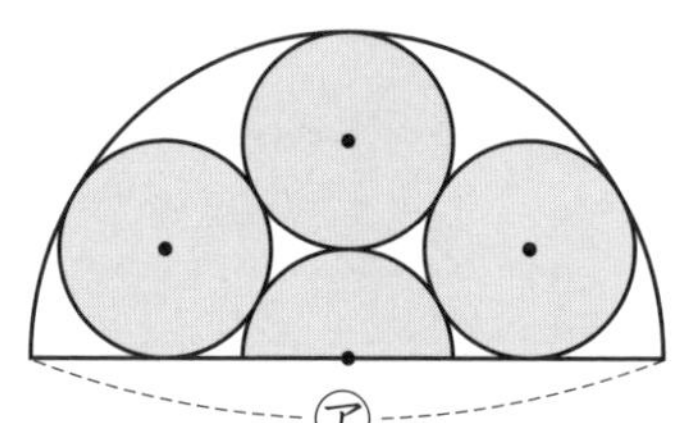

(式)

答え（　　　　）

3 右の図のように，同じ大きさの円を10こかきました。外がわの円の中心をつなぐと，三角形ができました。(20点/1つ10点)

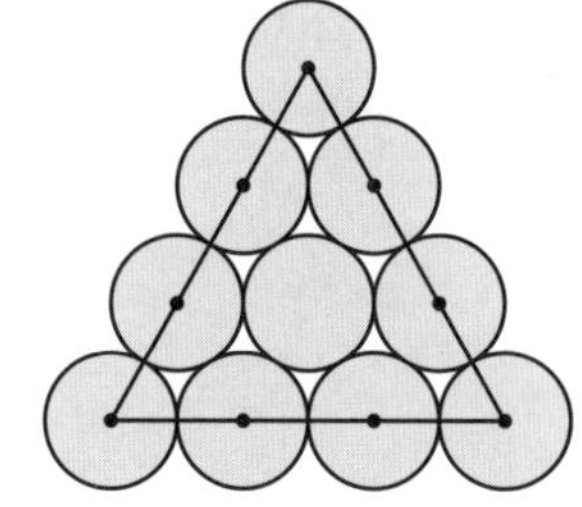

(1) 三角形のまわりの長さは36cmです。円の直径は何cmですか。

(式)

答え（　　　　）

(2) 右上の図のいちばん下のだんに，同じ大きさの円をさらに5こかきました。同じようにしてかいた三角形のまわりの長さをもとめなさい。

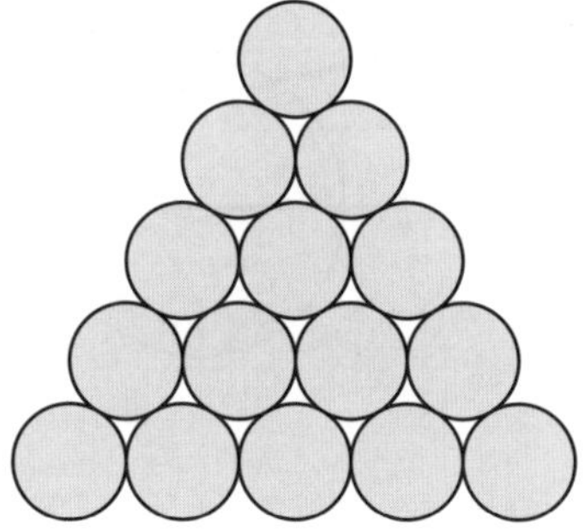

(式)

答え（　　　　）

4 右の図で，大きい円の半径は 21 cm です。小さい円の中心をむすんでできる図形のまわりの長さをもとめなさい。（10 点）

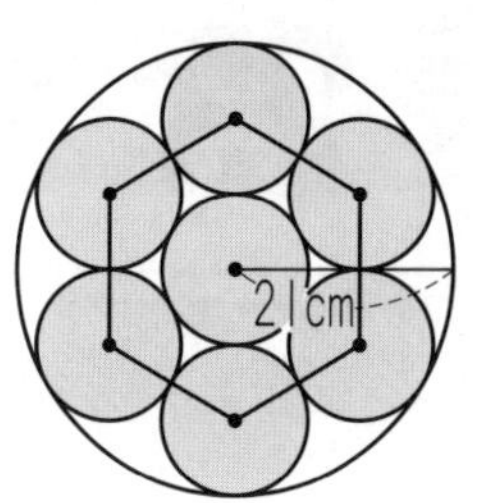

（式）

答え（　　　　　　　　）

5 右の図のような箱(はこ)に，半径 4 cm のボールを入れました。何こ入りますか。（10 点）

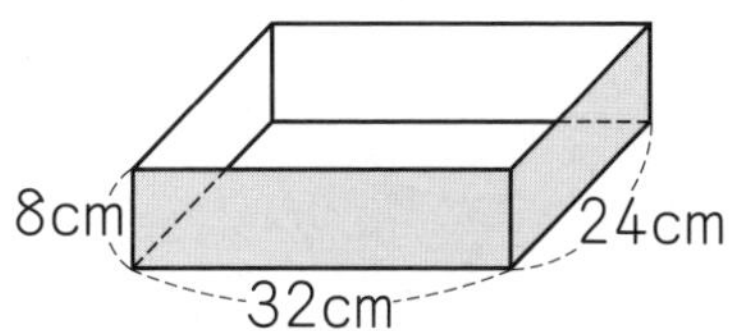

（式）

答え（　　　　　　　　）

6 右の図で，いちばん大きい円の直径をもとめなさい。（10 点）

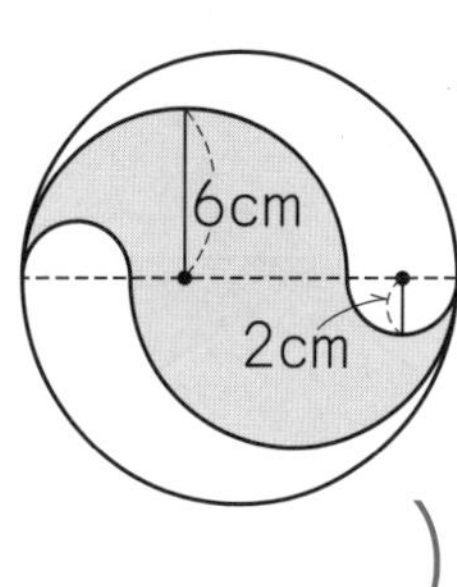

（式）

答え（　　　　　　　　）

7 次の図形の中には，同じ大きさの ◜ の形が何こありますか。（20 点/1 つ 10 点）

(1)

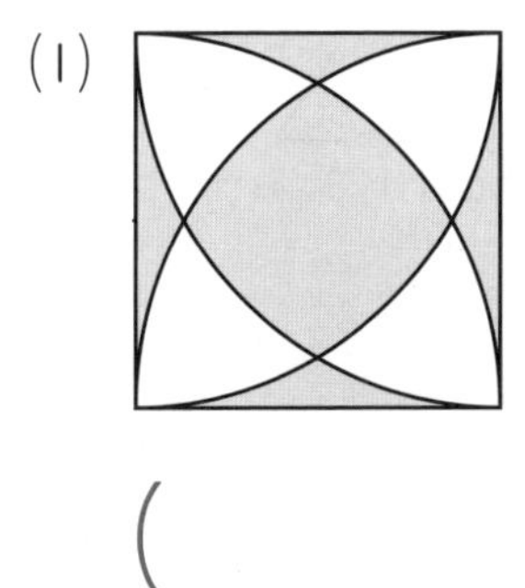

（　　　　　　）

(2)

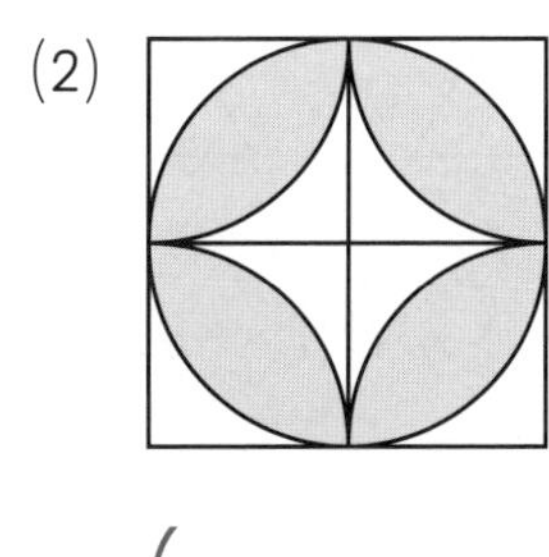

（　　　　　　）

答え▶べっさつ27ページ

23 三角形

標準クラス

1 下の図で二等辺三角形をすべてえらび，記号で答えなさい。

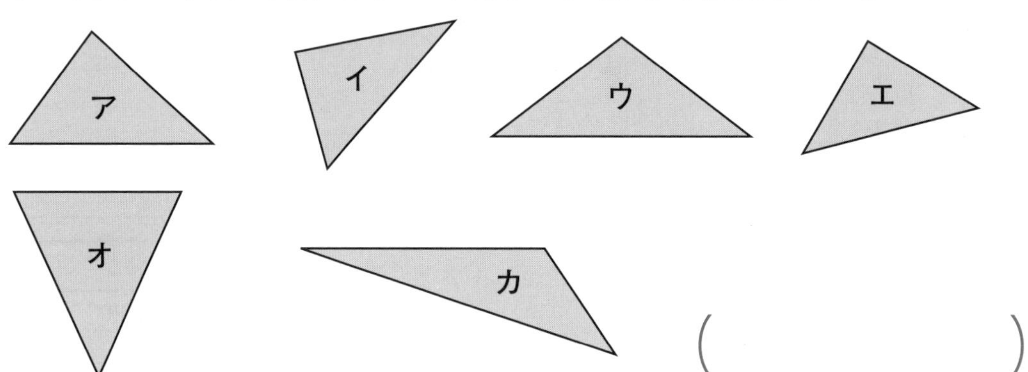

（　　　　）

2 下の図で正三角形をすべてえらび，記号で答えなさい。

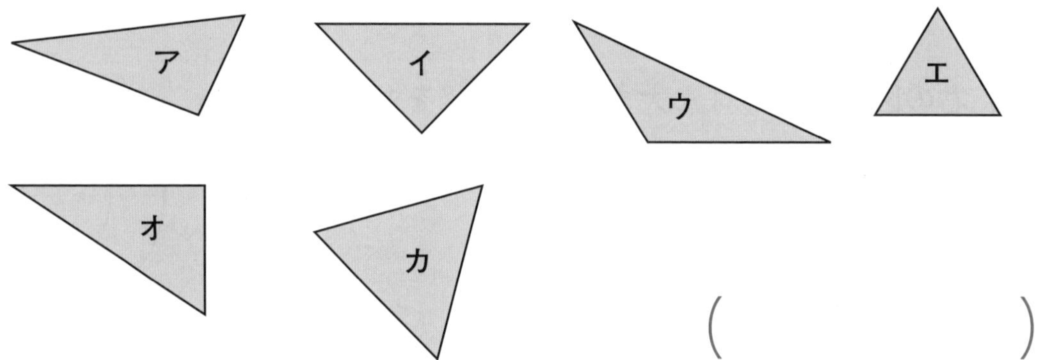

（　　　　）

3 下のような三角形について，答えなさい。

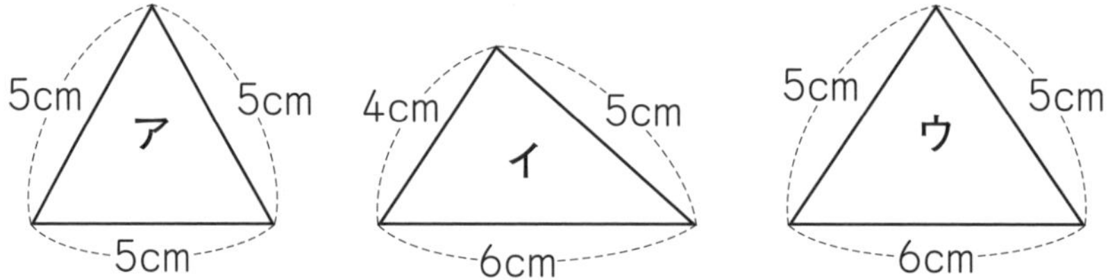

(1) ３つの角の大きさが等しいのはどれですか。（　　　　）

(2) ２つの角の大きさが等しいのはどれですか。（　　　　）

4 右の図の㋐の正三角形を何まいか使って，㋑の正三角形をつくります。㋐の正三角形が何まいひつようですか。

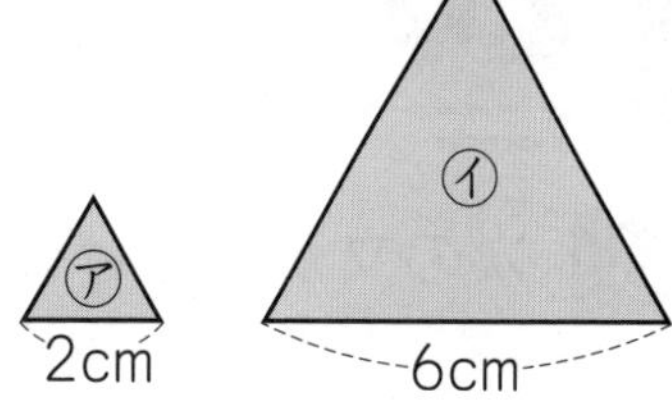

5 じょうぎとコンパスを使って，次の三角形をかきなさい。

(1) 1つの辺の長さが4 cm の正三角形

(2) 2つの辺の長さが4 cm で，1つの辺の長さが2 cm の二等辺三角形

6 右の図は，半径3 cm の円とその中心です。コンパスを使って1辺3 cm の正三角形をかきなさい。

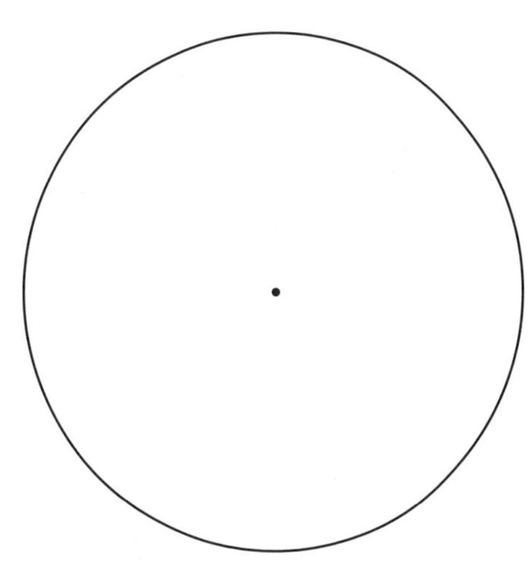

23 三角形

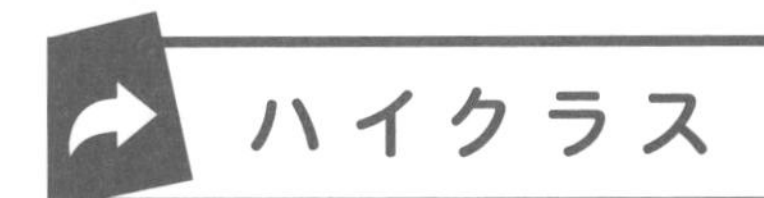

答え▶べっさつ28ページ

時間 25分	とく点
合かく 80点	点

1 次の文が正しければ○，まちがっていれば×を書きなさい。

(15点/1つ5点)

(1) 3つの辺の長さがすべて等しい三角形を，二等辺三角形といいます。

(　　　　)

(2) 1つの角が直角で，2つの辺の長さが等しい三角形を，直角二等辺三角形といいます。

(　　　　)

(3) 2つの辺の長さが等しい三角形を，正三角形といいます。

(　　　　)

2 次の図で，色のついた三角形の名前を答えなさい。ただし，点ア，イ，ウは円の中心で，アとイを中心とする円の半径の長さは同じです。

(30点/1つ5点)

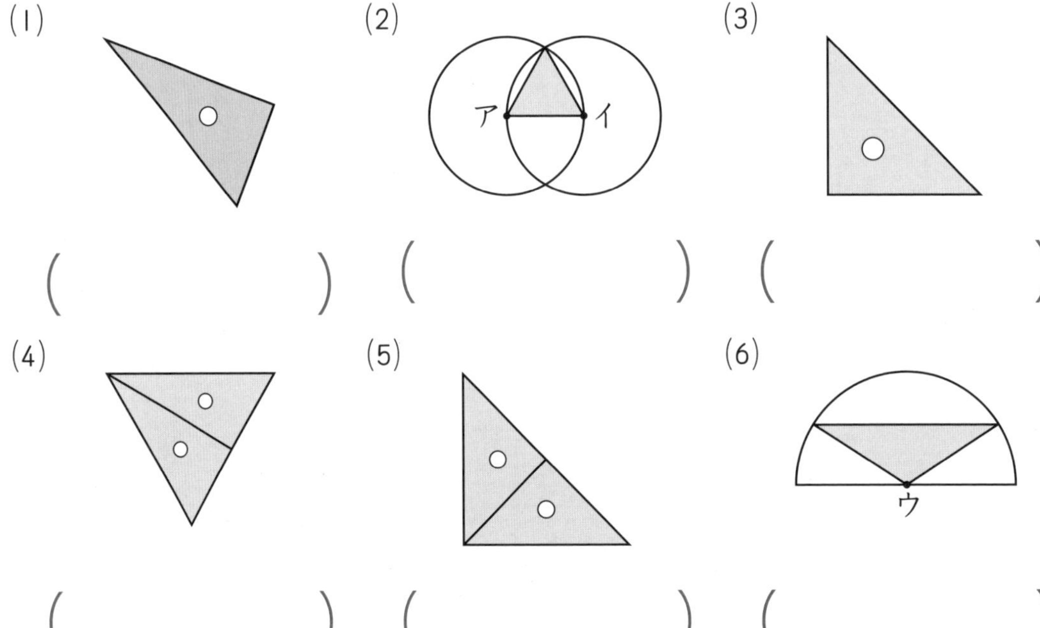

3 右の図のように，長方形の紙を２つにおり，┈┈┈のところを切ります。(16点/1つ8点)

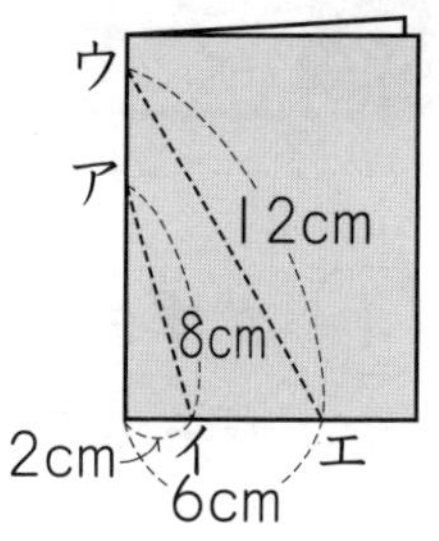

(1) アイの┈┈┈を切って広げると，何という三角形ができますか。

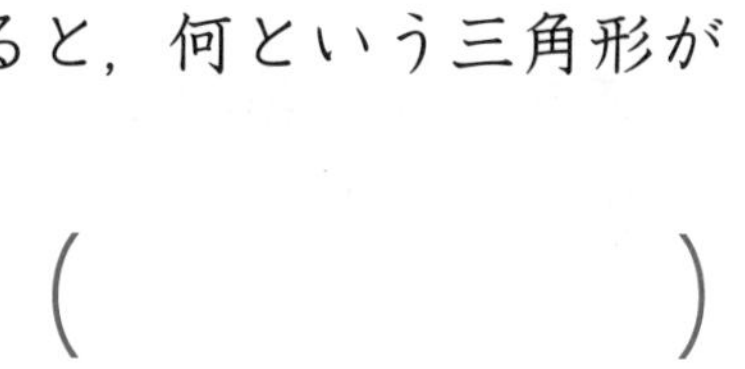

(　　　　　　)

(2) ウエの┈┈┈を切って広げると，何という三角形ができますか。

(　　　　　　)

4 右の図のように，半径(はんけい)５cmの円を３つかきました。ア，イ，ウの点は円の中心です。

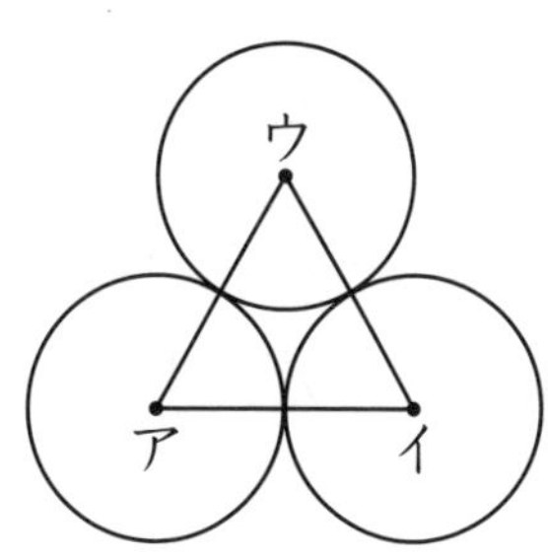

(1) ア，イ，ウの点を直線でむすんでできる三角形の名前を答えなさい。また，そのわけもせつ明しなさい。(10点)

名前 (　　　　　　)

わけ (　　　　　　)

(2) この三角形のまわりの長さは何cmですか。(5点)

(　　　　　　)

5 右の図には，次の正三角形が何こありますか。(24点/1つ8点)

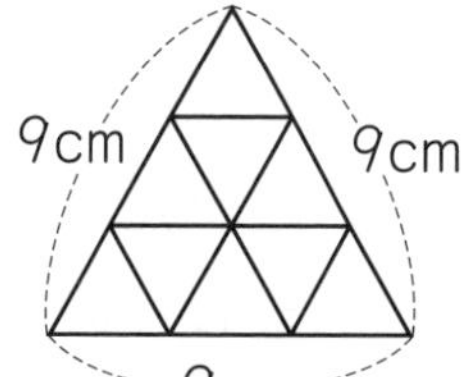

(1) １辺(ぺん)が３cmの正三角形 (　　　　　　)

(2) １辺が６cmの正三角形 (　　　　　　)

(3) １辺が９cmの正三角形 (　　　　　　)

チャレンジテスト⑪

答え▶べっさつ28ページ

時間	25分	とく点
合かく	80点	点

1 かずおさんは，すきな食(た)べ物(もの)のねだんを調(しら)べて右のグラフをつくりました。(24点/1つ8点)

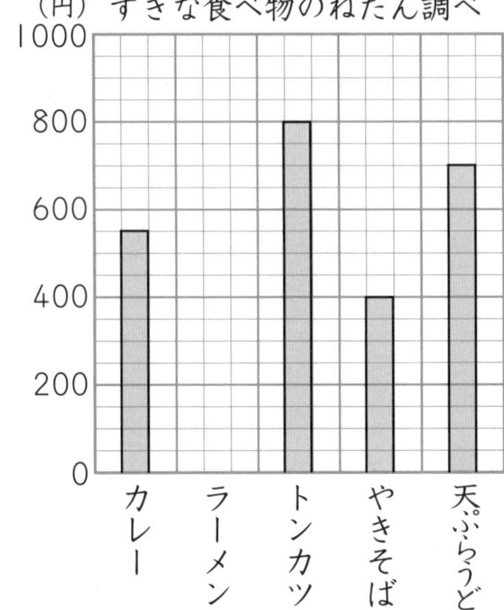

(1) このグラフの1目もりは，何円ですか。

(　　　　)

(2) ラーメンは450円です。グラフにかきこみなさい。

(3) 600円より高い食べ物は，何ですか。すべて答えなさい。

(　　　　　　　　)

2 右の図のように，半径(はんけい)5cmの円をたがいの円の中心を通るように重(かさ)ねていきます。5この円をかいたとき，円の中心を通るアイの長さは何cmになりますか。(17点)

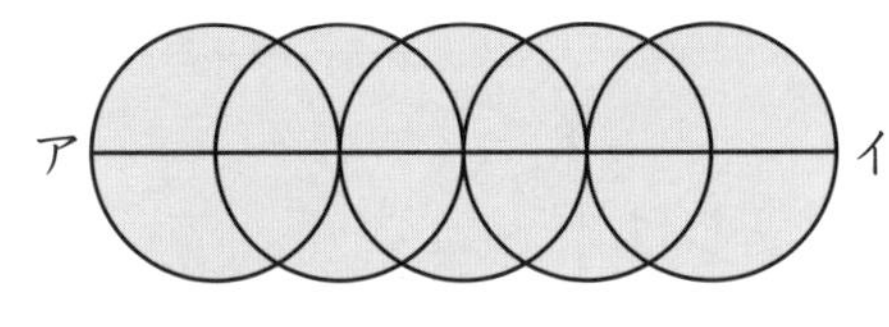

(式(しき))

答え(　　　　　)

3 右のように，正三角形をならべたもようがあります。正三角形の1辺(ぺん)の長さは23cmです。このもようのまわりの長さは何cmですか。(17点)

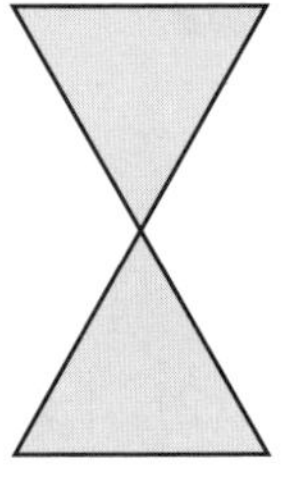

(式)

答え(　　　　　)

4 ある学校の図書室をりようした人数を調(しら)べて，右のようなぼうグラフに表(あらわ)しました。(16点/1つ8点)

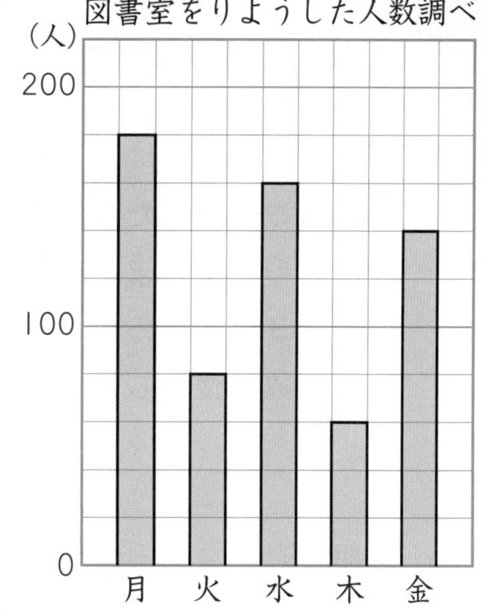

(1) りようした人がいちばん多かったのは，何曜日で何人ですか。

(　　　曜日で　　　人)

(2) 水曜日にりようした人数は，火曜日にりようした人数の何倍(ばい)ですか。

(　　　　　　)

5 右の図で，ア，イ，ウをつないだ形は正三角形で，その１つの辺(へん)の長さは７cmです。

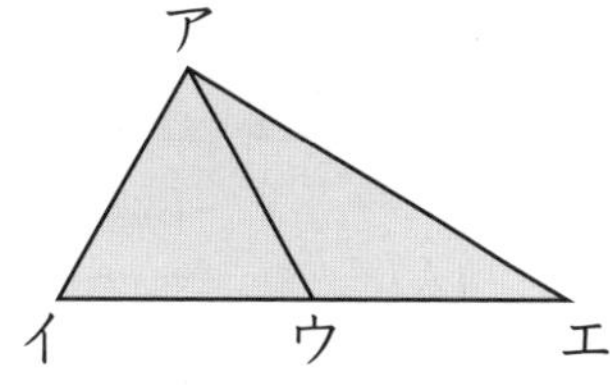

(1) ア，ウ，エをつないだ形は二等辺三角形(にとうへんさんかくけい)です。ウからエまでの長さは何cmですか。(10点)

(　　　　　　)

(2) 下の図は，右上の図と同じ形の三角形です。この三角形のどれか１つの辺を使(つか)って，ア，ウ，エをつないでできた二等辺三角形と同じ二等辺三角形をコンパスを使(つか)ってかきなさい。(16点)

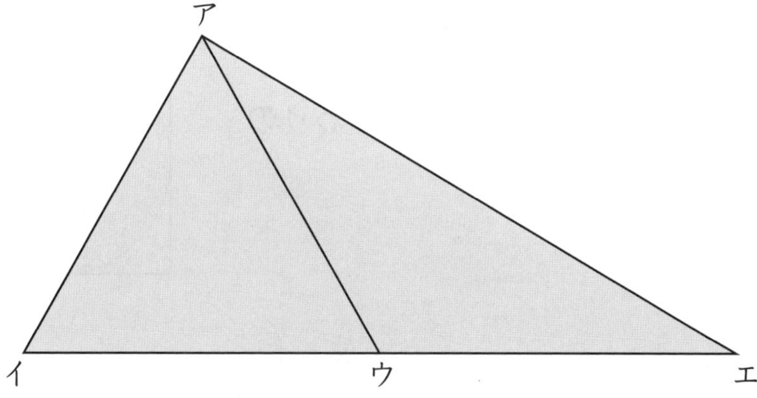

答え▶べっさつ29ページ

時間	25分	とく点
合かく	80点	点

チャレンジテスト⑫

1 右のぼうグラフは，3年1組のけっせきした人数を表したものです。また，右下の表は3年2組のけっせきした人数を整理したものです。(30点/1つ15点)

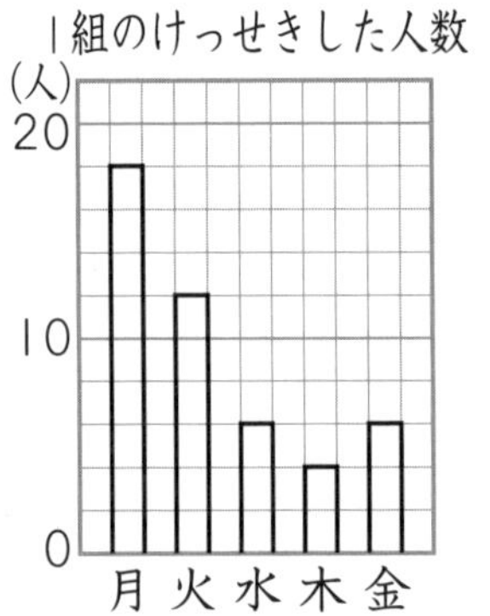

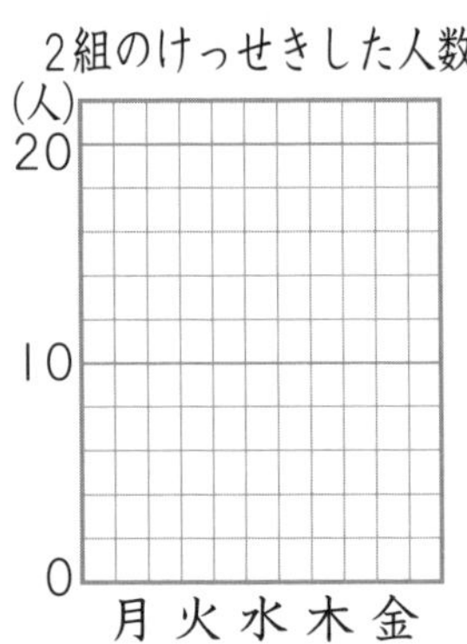

(1) 2組の表を右上のぼうグラフに表しなさい。

(2) 下のグラフの月曜日のグラフを見て，同じように，1組は□，2組は■で，2つの組のけっせきした人数を1つのグラフに表しなさい。

2組のけっせきした人数

曜日	人数（人）
月	12
火	6
水	4
木	5
金	20

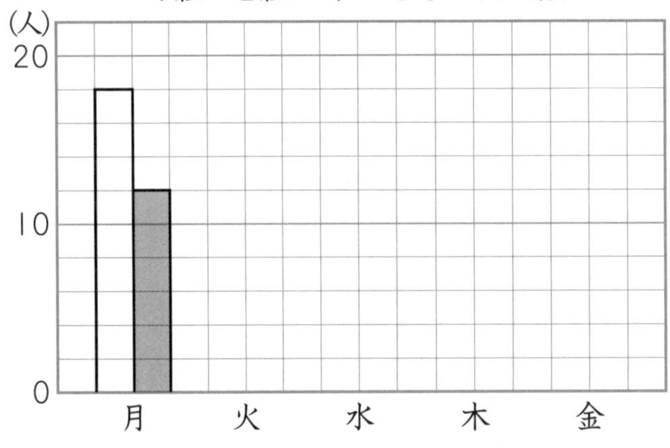

2 右の図のように，正方形の中に半径3cmの円がぴったりと入っています。この正方形のまわりの長さは何cmですか。(10点)

(式)

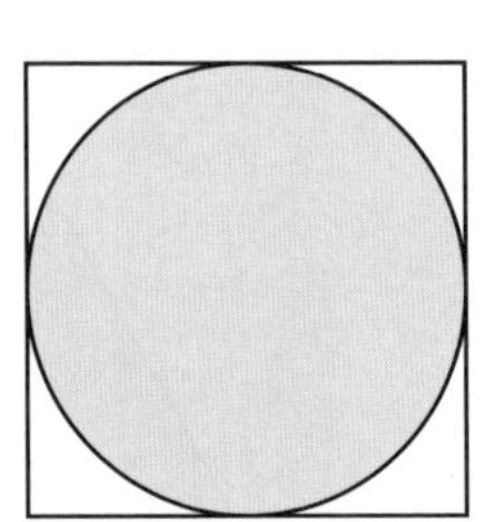

答え（　　　　　）

③ 右の図のようなつつに，直径 2 cm の球(きゅう)の形をしたあめを入れます。あめは下から赤色→青色→黄色→赤色→…とじゅん番に入れていきます。つつがあめでいっぱいになったとき，さいごのあめの色は何色ですか。(10 点)

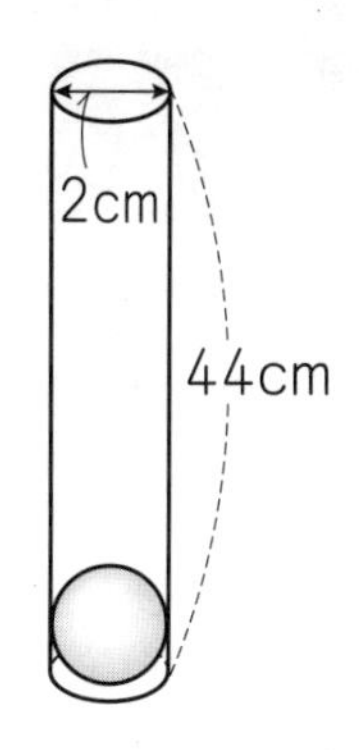

(式)

答え（　　　　　）

④ 次(つぎ)のア〜エの三角形を実(じっ)さいにかいたり，つくったりして，下の問(と)いに答えなさい。(20 点/1 つ 10 点)

ア	辺(へん)の長さが，4 cm，4 cm，2 cm の三角形
イ	辺の長さが，5 cm，3 cm，4 cm の三角形
ウ	辺の長さが，8 cm，6 cm，7 cm の三角形
エ	辺の長さが，5 cm，5 cm，5 cm の三角形

(1) 上の**ア**〜**エ**の三角形を半分におったときに，きちんと重(かさ)なる三角形はどれですか。記号(きごう)で答えなさい。

（　　　　　）

(2) 上の**ア**〜**エ**の同じ三角形を 2 まいならべると，二等辺(にとうへん)三角形ができるのはどれですか。記号で答えなさい。また，その三角形の名前を書きなさい。

記号（　　　）　名前（　　　　　）

⑤ 下のように，おり紙を 2 つにおって切ったものを開(ひら)いて，いろいろな三角形をつくります。できる三角形の名前を書きなさい。(30 点/1 つ 10 点)

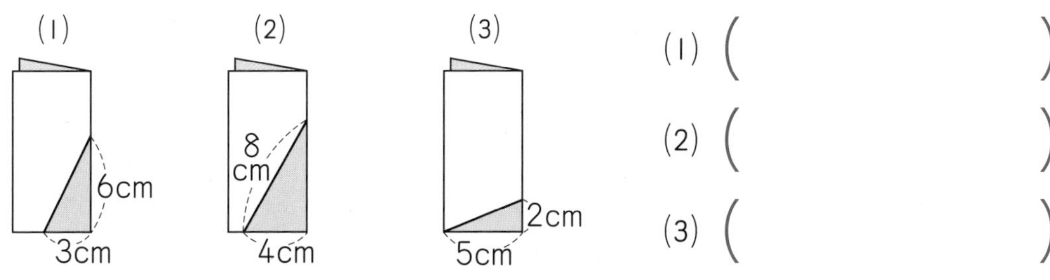

(1)（　　　　　）

(2)（　　　　　）

(3)（　　　　　）

答え▶べっさつ29ページ

24 いろいろな問題 ①

標準クラス

1 ひろみさんは，160円のシュークリーム7こと，950円のピザを買いました。代金は全部でいくらになりますか。

（　　　　）

2 やかんに，いっぱいまで水が入っています。この水を3dLのコップにうつすと，15はい分になりました。5dLのコップにうつすと，何ばい分になりますか。

（　　　　）

3 身長137cmのゆう子さんが35cmのいすの上に立つと，50cmの台の上に立ったさち子さんより18cmひくくなります。さち子さんの身長は何cmですか。

（　　　　）

4 1まい1gの1円玉が入ったちょ金箱の重さをはかると，1kg 35gありました。ちょ金箱だけの重さは870gです。1円玉は何まい入っていますか。

（　　　　）

5 子ども会の 38 人で動物園(どうぶつえん)に行くことになりました。さんかひは大人 850 円，子ども 400 円です。子どもは 25 人います。さんかひは，全部でいくらになりますか。

(　　　　　　)

6 635 に 408 をかけるところを，403 をかけてしまいました。正しい答えとのちがいは，いくつですか。

(　　　　　　)

7 まさるさんは，毎日 1200 m のジョギングをしています。4 週間では，何 km 何 m 走ったことになりますか。

(　　　　　　)

8 あきらさんの学校の 3 年生は 4 クラスあり，どのクラスも 35 人です。運動会(うんどうかい)で，3 年生は 1 組 7 人ずつの短(たん)きょり走(そう)をします。何組走ることになりますか。

(　　　　　　)

答え▶べっさつ30ページ

24 いろいろな問題（もんだい） ① ハイクラス

時間	25分	とく点
合かく	80点	点

1 赤いブロック２こ，青いブロック３こ，黄色いブロック４こを１人分にして，何人かに配（くば）りました。ブロックは全部（ぜんぶ）で 81 こいりました。配った人数を□人として式（しき）をつくり，配った人数をもとめなさい。（15 点）

（式）

答え（　　　　）

2 ケーキ４こと 780 円のくだものを１こ買うと，1580 円でした。ケーキ１このねだんを□円として式をつくり，ケーキ１このねだんをもとめなさい。（15 点）

（式）

答え（　　　　）

3 けんたさんの持（も）っているお金で，140 円のノートを８さつまで買うことができます。けんたさんが持っているお金は，何円から何円までといえますか。（10 点）

（　　　　）

4 ある数を７でわると，答えは９あまり５です。この数を８でわったときの答えをもとめなさい。（10 点）

（　　　　）

5 たかしさんは 480 円，お兄さんは 630 円持っています。500 円のたこやきを買うのに，２人で 250 円ずつ出しあいました。のこりのお金は，どちらが何円多いですか。（10 点）

（　　　　　　　　　　　　）

6 ゆうきさんの体重(たいじゅう)は 26 kg 500 g で，兄より 4 kg 600 g 軽(かる)く，弟より 3 kg 800 g 重(おも)いそうです。兄と弟の体重を合わせると何 kg 何 g ですか。（10 点）

（　　　　　　　　　　　　）

7 画用紙 1 まいからカードが 8 まいつくれます。560 まいのカードをつくるためには，画用紙は何まいいりますか。□を使(つか)った式に表(あらわ)してもとめなさい。（15 点）

（式）

答え（　　　　　　　　　　　　）

8 たて 24 cm，横(よこ) 20 cm，高さ 8 cm の箱(はこ)を右のようにひもでむすびます。むすび目に 20 cm 使います。ひもは何 cm いりますか。（15 点）

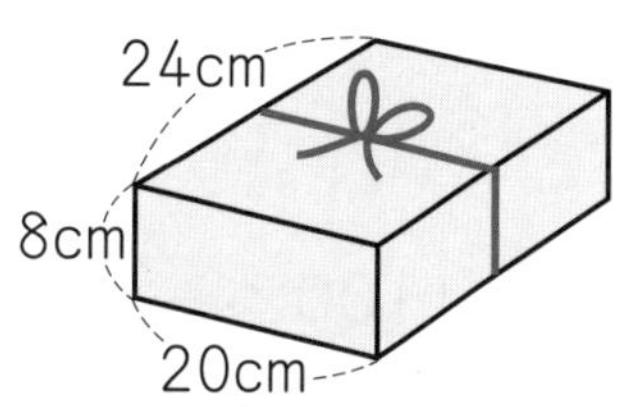

（　　　　　　　　　　　　）

答え▶べっさつ31ページ

25 いろいろな問題 ②

1 さち子さんは，１さつ140円のノート６さつと，１本120円のペンを８本買いました。代金は全部でいくらになりますか。

（　　　　　　）

2 ゆうやさんが1000円出してジュースを７本買うと，おつりは230円でした。ジュース１本のねだんはいくらですか。□を使った式に表してもとめなさい。

(式)

答え（　　　　　　）

3 おり紙を１人に６まいずつ配ると，あまることなく８人に配れます。９人に同じ数ずつできるだけ多く配ると，おり紙は何まいあまりますか。

（　　　　　　）

4 1100ページの本を読んでいます。きのう236ページ，今日314ページ読みました。あと何ページのこっていますか。

（　　　　　　）

5 ジュースを $\frac{2}{7}$ L 飲(の)みましたが，まだ $\frac{3}{7}$ L のこっています。ジュースははじめに何 L ありましたか。

(　　　　　)

6 青いリボンは $\frac{7}{9}$ m あります。青いリボンは赤いリボンより $\frac{2}{9}$ m 長いそうです。赤いリボンは何 m ですか。

(　　　　　)

7 油(あぶら)が 4 L ありました。きのう 1.4 L，今日 8 dL 使いました。油は何 L のこっていますか。

(　　　　　)

8 重(おも)さ 300 g の入(い)れ物(もの)に，りんごを入れてはかると，3.2 kg ありました。りんごの重さは何 kg ですか。

(　　　　　)

9 1 こ 85 円の消(け)しゴムを 1 人に 3 こずつ，27 人の子どもにあげます。消しゴムの代金は全部でいくらになりますか。

(　　　　　)

答え▶べっさつ31ページ

25 いろいろな問題 ②

時間	25分	とく点
合かく	80点	点

1 1000円さつを2まい持ってスーパーに行き，1こ135円のクリームパンを買います。(20点/1つ10点)

(1) 14こ買うと，おつりはいくらになりますか。

(　　　　　　)

(2) あといくらあれば，17こ買うことができますか。

(　　　　　　)

2 1日に370gの米を食べます。3週間では何kg何gの米を食べることになりますか。(10点)

(　　　　　　)

3 147円のプリンと388円のケーキを3こずつ買って，95円のおつりをもらいました。出したお金はいくらですか。(10点)

(　　　　　　)

4 本箱(ほんばこ)のはばが 52 cm あります。4.6 cm のはばの本を 10 さつ入れました。すき間は何 cm になりましたか。(15 点)

(　　　　　　)

5 1 L 入る入(い)れ物(もの)があります。この入れ物にコップで水を入れると，ちょうど7はいでいっぱいになります。このコップ1ぱいの水は何 L ですか。(15 点)

(　　　　　　)

6 リボンが 1 m ありました。はじめに 0.4 m，次(つぎ)に $\frac{3}{10}$ m 使(つか)いました。のこりは何 m ですか。分数で答えなさい。(15 点)

(　　　　　　)

7 0，1，3，5，7の5まいのカードがあります。このカードをならべてできる5けたの数のうちで，いちばん大きい数といちばん小さい数のちがいはいくつですか。(15 点)

(　　　　　　)

答え▶べっさつ32ページ

26 いろいろな問題 ③

1 道路ぞいにいちょうの木を 2 m の間かくで植えました。はじめの木からさいごの木までの間が 20 m あります。植えられた木は，何本ですか。

(　　　　　)

2 道路ぞいにさくらの木が 4 m おきに 5 本植えてあります。植えられた木のはじめの木からさいごの木まで何 m ありますか。

(　　　　　)

3 次のように，あるきまりにしたがって，数がならんでいます。

8，6，4，1，8，6，4，1，8，6，4，1，……

(1) はじめから 20 番目の数はいくつですか。

(　　　　　)

(2) はじめから 20 番目の数までをたすと，いくらになりますか。

(　　　　　)

4 2本の木が36mはなれて植えられています。この2本の木の間に，くいを4mおきに打(う)ちます。くいは何本いりますか。

（　　　　　　）

5 いくつかの白石○と黒石●があります。これをあるきまりにしたがって，次のようにならべていきます。左はしから25番目にならぶのは白石と黒石のどちらですか。

●●○●○●●○●○●●○●○●●○●○●●……

（　　　　　　）

6 2，3，4の3つの数字を，次のようにあるきまりにしたがって，45こならべていきます。3は何こならびますか。

3，4，2，3，3，4，2，3，3，4，2，3，……

（　　　　　　）

7 池のまわりに5mおきに木が植えられています。植えられている木の本数は全部(ぜんぶ)で182本です。この池のまわりは何mですか。

（　　　　　　）

26 いろいろな問題(もんだい) ③

ハイクラス

答え▶べっさつ33ページ

時間 25分	とく点
合かく 80点	点

1 公園で，２人の大人がはなれて立っています。その間に子どもが４m おきに１列(れつ)に 12 人立っています。両(りょう)はしの子どもは何 m はなれていますか。(10 点)

(　　　　　)

2 まわりの長さが 150 m の池があります。この池のまわりに３m おきに木を植(う)えます。全部(ぜんぶ)で何本の木を植えられますか。(10 点)

(　　　　　)

3 長さが 40 m ある一本道の両(りょう)がわへ，はしからはしまで５m おきに木を植えます。木は全部で何本植えることができますか。(10 点)

(　　　　　)

4 １本の長さが 18 cm のリボンを，のりしろの長さをどこも２cm にして，まっすぐに６本つなぎます。全体の長さは何 cm になりますか。(10 点)

(　　　　　)

5 2，4，6，8の4つの数字を，あるきまりにしたがって，次のようにならべていきます。48こならべたとき，その全部の数をたすといくらになりますか。(10点)

2，4，6，8，4，6，8，2，6，8，2，4，8，2，……

(　　　　　)

6 次のように，白石と黒石を4つずつを1組にして，同じじゅんにならべていきます。(20点/1つ10点)

○●○○，○●○○，○●○○，○●○○，……

(1) 左から23番目の石の色は何色ですか。

(　　　　　)

(2) 左から28番目の石は，何組目の何番目になりますか。

(　　　　　)

7 同じ長さのテープをいくつかつなぎます。つなぎ目は2本のテープを重(かさ)ねてのりしろにして，はりあわせます。(30点/1つ15点)

(1) 1本の長さが20 cmのテープを，のりしろを2 cmにして15本つなぐと，全体の長さは何cmになりますか。

(　　　　　)

(2) 1本の長さが35 cmのテープを，のりしろを4 cmにして40本つなぐと，全体の長さは何cmになりますか。

(　　　　　)

答え▶べっさつ33ページ

27 いろいろな問題（もんだい）④

1 大，小の２つの数があります。大きい数と小さい数をたすと40になり，大きい数から小さい数をひくと20になります。２つの数は，それぞれいくつですか。

大きい数（　　　　）　小さい数（　　　　）

2 はるかさんと妹の持（も）っているお金は，合わせて1500円です。はるかさんの持っているお金は，妹の持っているお金より300円多いそうです。はるかさんと妹が持っているお金はそれぞれ何円ですか。

はるか（　　　　）　妹（　　　　）

3 まわりの長さが24mの長方形の形をした花だんがあります。この花だんの横（よこ）の長さは，たての長さより4m長くなっています。この花だんの横の長さは何mですか。

答え（　　　　）

4 120まいのおり紙をそうたさんとりくさんで分けます。そうたさんのおり紙のまい数がりくさんのおり紙のまい数の2倍(ばい)になるように分けると，2人のそれぞれのおり紙のまい数は何まいになりますか。

そうた（　　　　　）りく（　　　　　）

5 メロン1このねだんは，りんご3こ分と同じねだんです。メロン1ことりんご1こを買うと，1200円になります。メロン1このねだんはいくらですか。

答え（　　　　　）

6 ノート1さつと消(け)しゴム1こを買うと170円，ノート2さつと消しゴム3こを買うと400円です。ノート1さつ，消しゴム1このねだんはそれぞれ何円ですか。

ノート（　　　　　）消しゴム（　　　　　）

7 シュークリーム1ことケーキ1こを買うと340円，シュークリーム5ことケーキ3こを買うと1200円です。シュークリーム1こ，ケーキ1このねだんはそれぞれ何円ですか。

シュークリーム（　　　　　）ケーキ（　　　　　）

27 いろいろな問題 ④

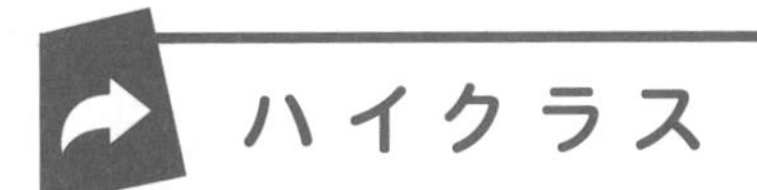

答え▶べっさつ34ページ

時間 25分	とく点
合かく 80点	点

1 兄と弟は，それぞれちょ金箱にちょ金をしています。兄が弟より800円多く，2人のちょ金を合わせると3600円になります。兄と弟はそれぞれ何円ちょ金していますか。(10点)

兄（　　　　　）弟（　　　　　）

2 文具店でノートとボールペンと消しゴムを買いました。代金は合わせて400円でした。ノートのねだんはボールペンのねだんより70円高く，消しゴムのねだんはボールペンのねだんより60円安いそうです。(20点/1つ10点)

(1) ボールペンのねだんはいくらですか。

（　　　　　）

(2) ノートと消しゴムのねだんはそれぞれいくらですか。

ノート（　　　　　）消しゴム（　　　　　）

3 かずやさんは，かずやさん，兄，妹の身長をくらべています。妹の身長はかずやさんの身長より13 cmひくく，兄の身長はかずやさんの身長より15 cm高いです。また，3人の身長を合わせると371 cmです。妹の身長は何cmですか。(20点)

（　　　　　）

4 2mのリボンをさくらさんとりこさんで分けます。りこさんの長さがさくらさんの2倍(ばい)より20cm長くなるように分けると，2人のリボンの長さはそれぞれ何cmになりますか。(10点)

さくら（　　　　　）　りこ（　　　　　）

5 3Lの水をゆうとさんとかいさんで分けます。ゆうとさんの水のかさがかいさんの3倍より200mL少なくなるように分けると，2人の水のかさはそれぞれ何mLになりますか。(15点)

ゆうと（　　　　　）　かい（　　　　　）

6 みかん3ことなし1こを買うと420円で，みかん4ことなし3こを買うと810円です。みかん1こ，なし1このねだんはそれぞれ何円ですか。(10点)

みかん（　　　　　）　なし（　　　　　）

7 ある植物園(しょくぶつえん)の入園(にゅうえん)りょうは，大人2人と子ども3人で2300円，大人4人と子ども9人で5500円です。大人1人の入園りょうは何円ですか。(15点)

（　　　　　）

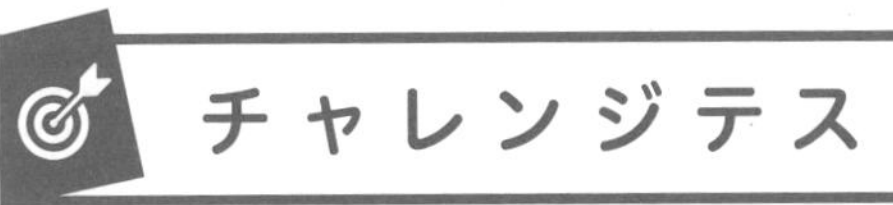

答え▶べっさつ35ページ

時間 25分	とく点
合かく 80点	点

1 ゆかさんは，190 ページある本を学校の図書館から 3 日前にかりてきました。かりたその日に 67 ページ読み，今日何ページか読みました。明日 69 ページ読むと，この本を読み終わります。今日は何ページ読みましたか。(10点)

(　　　　　)

2 ある数から 10 をひいて，8 をたして 5 倍すると 50 になりました。ある数はいくつですか。(10点)

(　　　　　)

3 ある数に 6 をたして 4 倍して，2 でわると 18 になりました。ある数はいくつですか。(10点)

(　　　　　)

4 ゆうたさんが持っているおはじきの数は，えりさんが持っているおはじきの数より 46 こ多いです。また，2 人が持っているおはじきの数を合わせると 136 こになります。ゆうたさんの持っているおはじきの数は何こですか。(10点)

(　　　　　)

5 スーパーマーケットで，オレンジ３ふくろ，ドーナツとアイスクリームを１こずつ買いました。代金(だいきん)は 1510 円でした。ドーナツ１このねだんはオレンジ１ふくろのねだんより 280 円安(やす)く，アイスクリーム１このねだんはオレンジ１ふくろのねだんより 210 円安いそうです。（20 点/1 つ 10 点）

(1) オレンジ１ふくろのねだんは何円ですか。

（　　　　　）

(2) オレンジ３ふくろとドーナツを２こ買うと，代金は合わせて何円になりますか。

（　　　　　）

6 ある池のまわりに，木を４ｍおきに植(う)えるのと，５ｍおきに植えるのとでは，植える本数はちょうど６本ちがいます。この池のまわりの長さは何ｍですか。（20 点）

（　　　　　）

7 次(つぎ)の図のように，同じマッチぼうの数をふやして，たてと横(よこ)の辺(へん)がそれぞれマッチぼう１本分ずつ大きくなるように図形を作っていきます。４番目の図形を作ったとき，マッチぼうは全部(ぜんぶ)で何本いりますか。

（20 点）〔浦和実業学園中〕

１番目　　２番目　　３番目

（　　　　　）

チャレンジテスト⑭

答え▶べっさつ36ページ

時間 25分	とく点
合かく 80点	点

1 道の東のはしから西の方向に，はなみずきの木を 4 m おきに 11 本植(う)えると，西がわのはしまでは，まだ 20 m あります。(30 点/1 つ 15 点)

(1) この道は何 m ですか。

(　　　　　)

(2) 11 本で道のはしからはしまで植えるためには，木は何 m おきに植えればよいですか。

(　　　　　)

2 次(つぎ)のように，あるきまりにしたがって，数がならんでいます。(30 点/1 つ 15 点)

2，4，8，16，……

(1) はじめから 6 番目の数はいくつですか。

(　　　　　)

(2) はじめから 8 番目までの数をたすといくつになりますか。

(　　　　　)

3 ノート２さつとボールペン３本の代金(だいきん)の合計は 480 円，ノート４さつとボールペン１本の代金の合計は 560 円です。ノート１さつのねだんは何円ですか。（10 点）

（　　　　）

4 次のように，あるきまりにしたがってならんでいる数の列(れつ)があります。

10，9，12，11，14，13，16，…

この数の列で 10 番目の数をもとめなさい。（10 点）〔田園調布学園中ー改〕

（　　　　）

5 １しゅう何ｍかの円形の池のまわりに何本かの木を植えます。５ｍおきに植えると３本あまり，４ｍおきに植えると２本たりません。この池のまわりは，何ｍですか。（10 点）〔国府台女子学院中ー改〕

（　　　　）

6 あるきまりにしたがって次のように数がならんでいます。このとき，ならんでいる１～６までの数をすべてたしあわせるといくつになりますか。（10 点）〔神奈川学園中〕

1，2，2，3，3，3，4，4，4，4，…

（　　　　）

答え▶べっさつ37ページ

時 間	25分	とく点
合かく	80点	点

そう仕上げテスト①

1 次のたし算をしなさい。（11点/1つ1点）

(1) $\begin{array}{r} 386 \\ +413 \\ \hline \end{array}$
(2) $\begin{array}{r} 730 \\ +229 \\ \hline \end{array}$
(3) $\begin{array}{r} 206 \\ +494 \\ \hline \end{array}$
(4) $\begin{array}{r} 932 \\ +389 \\ \hline \end{array}$

(5) $\begin{array}{r} 4528 \\ +2664 \\ \hline \end{array}$
(6) $\begin{array}{r} 6273 \\ +3059 \\ \hline \end{array}$
(7) $\begin{array}{r} 1584 \\ +4756 \\ \hline \end{array}$
(8) $\begin{array}{r} 7896 \\ +5347 \\ \hline \end{array}$

(9) $\begin{array}{r} 32074 \\ +28563 \\ \hline \end{array}$
(10) $\begin{array}{r} 10958 \\ +54476 \\ \hline \end{array}$
(11) $\begin{array}{r} 87364 \\ +74956 \\ \hline \end{array}$

2 次のひき算をしなさい。（11点/1つ1点）

(1) $\begin{array}{r} 739 \\ -327 \\ \hline \end{array}$
(2) $\begin{array}{r} 688 \\ -489 \\ \hline \end{array}$
(3) $\begin{array}{r} 900 \\ -538 \\ \hline \end{array}$
(4) $\begin{array}{r} 803 \\ -679 \\ \hline \end{array}$

(5) $\begin{array}{r} 3274 \\ -2086 \\ \hline \end{array}$
(6) $\begin{array}{r} 7563 \\ -4687 \\ \hline \end{array}$
(7) $\begin{array}{r} 8005 \\ -3827 \\ \hline \end{array}$
(8) $\begin{array}{r} 6371 \\ -5893 \\ \hline \end{array}$

(9) $\begin{array}{r} 46273 \\ -25346 \\ \hline \end{array}$
(10) $\begin{array}{r} 60382 \\ -34557 \\ \hline \end{array}$
(11) $\begin{array}{r} 95004 \\ -87326 \\ \hline \end{array}$

3 次のかけ算をしなさい。(30点/1つ2点)

(1) 39×4　(2) 48×6　(3) 692×8　(4) 705×7　(5) 980×9

(6) 48×25　(7) 59×38　(8) 378×63　(9) 503×89　(10) 795×74

(11) 428×167　(12) 573×346　(13) 609×285　(14) 847×693　(15) 765×948

4 次のわり算をしなさい。(48点/1つ2点)

(1) 32÷8　(2) 42÷7　(3) 36÷4　(4) 15÷5

(5) 29÷6　(6) 40÷9　(7) 17÷2　(8) 11÷3

(9) 48÷5　(10) 62÷8　(11) 50÷7　(12) 31÷4

(13) 36÷3　(14) 44÷4　(15) 64÷2

(16) 84÷4　(17) 46÷2　(18) 93÷3

(19) 420÷6　(20) 720÷9　(21) 280÷7

(22) 540÷6　(23) 3200÷4　(24) 6300÷9

そう仕上げテスト②

答え▶べっさつ37ページ

時間 25分	とく点
合かく 80点	点

1 □にあてはまる数を書きなさい。（8点/1つ2点）

(1) 4×8=4×□−4　(2) 7×□=7×6−7

(3) 9×6=□×9　(4) 9×4=□×6

2 □にあてはまる数を書きなさい。（12点/1つ2点）

(1) □÷4=7 あまり 3　(2) 37÷□=4 あまり 5

(3) 50÷9=□ あまり 5　(4) 53÷6=8 あまり □

(5) □÷8=11　(6) 48÷□=5 あまり 3

3 □にあてはまる数を書きなさい。（28点/1つ2点）

(1) 4 kg=□g　(2) 3200 g=□kg□g

(3) 3 t=□kg　(4) 8 kg 25 g=□g

(5) 7 km 8 m=□m　(6) 6800 m=□km□m

(7) 3 km 60m=□m　(8) 10300 m=□km□m

(9) 9 分=□秒（びょう）　(10) 280 秒=□分□秒

(11) 4 分 6 秒=□秒　(12) 3 分 39 秒=□秒

(13) 2 分 45 秒+5 分 37 秒=□分□秒

(14) 7 分 13 秒−50 秒=□分□秒

4 右の図のような箱に，半径３cmのボールを入れます。何こ入りますか。(10点)

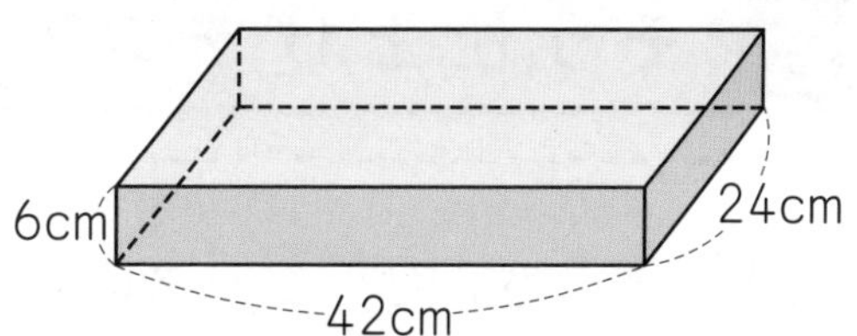

答え（　　　　　）

5 次の三角形をかきなさい。(20点/1つ10点)

(1) １つの辺の長さが５cmの正三角形

(2) ２つの辺の長さが３cmで，もう１つの辺の長さが２cmの二等辺三角形

6 74824000について，次の問いに答えなさい。

(1) この数を漢字で書きなさい。(6点)

（　　　　　）

(2) ４は，それぞれ何の位の数字ですか。(6点)

（　　　　　）と（　　　　　）

(3) 下の位の４を何倍すると，上の位の４になりますか。(10点)

（　　　　　）

答え▶べっさつ38ページ

時間 35分	とく点
合かく 80点	点

そう仕上げテスト③

1 とおるさんは，クラスの友だちにすきなスポーツのアンケートをとりました。まとめると，右のようなグラフになりました。（15点/1つ5点）

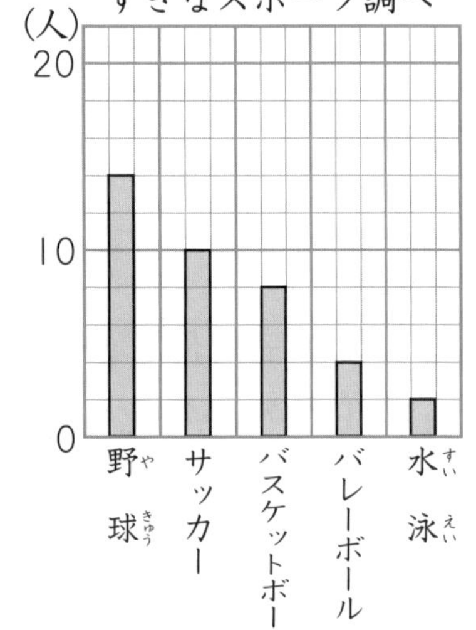

(1) すきな人がいちばん多いスポーツは何ですか。

（　　　　　　）

(2) 8人がすきなスポーツは何ですか。

（　　　　　　）

(3) グラフの1目もりはいくらですか。

（　　　　）

2 6月に図書室でかりた本の数を，はんごとに調べました。これをぼうグラフに表します。（15点/1つ5点）

かりた本の数

はん	1ぱん	2はん	3ぱん	4はん
数(さつ)	18		14	22

(1) 表題は何ですか。

（　　　　　　）

(2) 2はんは3ぱんの2倍かりました。何さつかりましたか。

（　　　　　　）

(3) 数の多いじゅんに，ぼうグラフに表しなさい。

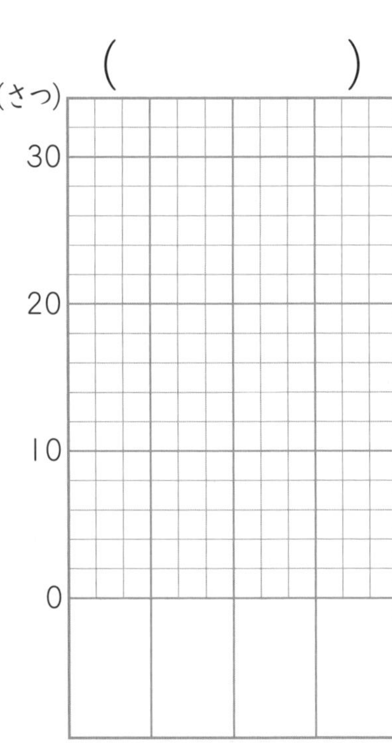

3 □にあてはまる数を書きなさい。(16点/1つ8点)

(1) 3.4 — □ — □ — □ — 3.8 — 3.9 — □

(2) □ — 7.2 — 7.1 — □ — □ — 6.8 — □

4 □にあてはまる数を書きなさい。(15点/1つ3点)

(1) 0.1が13こと，1が4こで，□です。

(2) 8.6は，0.1を□こ集(あつ)めた数です。

(3) 0.1を□こ集めた数は3です。

(4) 4より0.1小さい数は□です。

(5) 19.6の小数第一位(い)の数は□です。

5 □にあてはまる不等号(ふとうごう)＞，＜を書きなさい。(8点/1つ2点)

(1) $\frac{5}{9}$ □ $\frac{4}{9}$

(2) $\frac{8}{12}$ □ $\frac{9}{12}$

(3) 1 □ $\frac{7}{8}$

(4) $\frac{1}{5}$ □ $\frac{1}{4}$

6 次(つぎ)の計算をしなさい。(16点/1つ2点)

(1) $1.5+4.6$

(2) $3.8+0.4$

(3) $6+3.4$

(4) $5.7+6$

(5) $8.2-1.7$

(6) $4.3-0.8$

(7) $7-0.6$

(8) $9-3.3$

7 次の計算をしなさい。(8点/1つ2点)

(1) $\frac{3}{8}+\frac{4}{8}$

(2) $\frac{2}{7}+\frac{5}{7}$

(3) $1-\frac{2}{7}$

(4) $\frac{9}{11}-\frac{6}{11}$

8 3人が色紙を持(も)っています。なつ子さんは，けんじさんの持っている数の2倍(ばい)より5まい少なく，みよ子さんの持っている数の半分より9まい多いそうです。けんじさんの持っている数が18まいのとき，なつ子さんとみよ子さんは，それぞれ何まい持っていますか。(7点)

(式(しき))

なつ子（　　　）　みよ子（　　　）

ひっぱると，はずして使えます。➡

ハイクラステスト 小3

算数

答え

答え

1 大きい数のしくみ

標準クラス

p.2～3

1 (1)260000 (2)5030070
(3)380250 (4)100000000
(5)7300000

2 (1)百万の位 (2)十万の位 (3)100 倍
(4)千四百九十三万三百八十七

3 (1)四百六十五万二千七百
(2)八百七万四千
(3)千二十万六百
(4)七千九百三十六万千二百五十三

4 (1)3124679 (2)70050400
(3)8009002 (4)40100083

5 (1)610 (2)650 (3)730
(4)790

6 (1)< (2)> (3)>

とき方

1 (4)1000 万を 10 こ集めた数を一億といいます。一億は 100000000 と書きます。

下の図のような「位読み取り表」を使って，位ごとの数を書きこみながら考えましょう。

一	千	百	十	一	千	百	十	一
億				万				

2 一，十，百，千，……と位が大きくなっていくときは，4けたずつに区切っていくと何の位かわかりやすくなります。**1**と同じように「位読み取り表」を使って考えましょう。

3 右から一，十，百，……とえん筆でおさえて，その位が何の位かたしかめながら漢字で書きましょう。

4 位を読み取って，漢字で表された数を数字に書き直す問題です。七千五万四百は7と5の間，5と4の間に0をいくつ書けばよいか考えましょう。

5 1目もり分の大きさがいくつになっているかを考えて，数直線を読みましょう。万をとって，600 から 800 までの目もりとして考えるとわかりやすいです。

6 位を読み取って大きさをくらべる問題です。
2と同じように，4けたずつに区切っていきましょう。けたの数がちがうときはけたの数が多い方が大きい数です。けたの数が同じときは，いちばん大きな位からくらべていくとよいでしょう。

ハイクラス

p.4～5

1 (1)86040900 (2)26000000
(3)9050000 (4)9999900

2 (1)38893026，38869935，
38837291
(2)1002748，999827，100368
(3)73921004，73920854，
73920845

3 (1)< (2)<

4 (1)1000000 (2)340 万，280 万
(3)400000，300000
(4)88 万，97 万

5 (1)170 万 (2)194 万

6 (1)76543210 (2)10234567
(3)40123567

とき方

1 それぞれの数がどの位の数か考えて，数字で書きましょう。100 倍した数をさらに 10 倍にするということは 100×10=1000(倍) にすることなので0が3つふえた数になります。
標準クラス の**1**と同じように，「位読み取り表」に書いていくとわかりやすいです。

2 位を読み取って大きさをくらべる問題です。
標準クラス の**6**と同じようにして，大きな位からくらべていきましょう。

3 (1)30000+90000 は 10000 をもとにすると，
3+9=12 なので，
30000+90000=120000
2と同じように大きな位からくらべていきます。
(2)430 万+50 万=480 万，800 万−300 万
=500 万なので，480 万<500 万

4 数のならび方からきまりを見つけ，□にあてはまる数を考えます。ならんでいる数と数の間がいくつになっているか調べて，□にあてはまる数

を考えましょう。

5 (1)㋐が 100 万のとき，数直線の1目もりは 10 万です。

(2)㋐が 180 万のとき，数直線の1目もりは2万です。

6 0から7までの8つの数から決(き)められた数をつくります。実(じっ)さいにカードをつくって，そのカードをならべながら考えましょう。

2 たし算の筆算 ①

標準クラス

p.6〜7

1 (1)1200 (2)1100 (3)1600 (4)1000 (5)1500 (6)1300

2 (1)648 (2)598 (3)853 (4)764 (5)816 (6)306 (7)671 (8)761 (9)451 (10)1341 (11)442 (12)824 (13)843 (14)901 (15)851 (16)201

3

(1)
```
   2 3 [5]
+  4 [1] 3
  [6] 4 8
```
(2)
```
   5 [1] 8
+ [1] 2 9
   6 4 [7]
```
(3)
```
   2 8 [5]
+ [3] 9 2
   6 [7] 7
```
(4)
```
   2 8 [6]
+ [5] [1] 7
   8 0 3
```
(5)
```
   1 [9] 4
+  6 4 [7]
  [8] 4 1
```
(6)
```
  [3] 7 8
+  1 [5] 6
   5 3 [4]
```

4 (1)(式(しき))278+236=514 (答え)514 人

(2)(式)185+169=354 (答え)354 人

(3)(式)278+185=463 (答え)463 人

(4)(式)236+169=405 (答え)405 人

5 (式)187+126=313 (答え)313 ページ

とき方

1 (何百)+(何百) のたし算を暗算(あんざん)でするときは，100 が何こと何こと考えて，計算しましょう。

2 たし算の筆算(ひっさん)です。一の位(くらい)から，くり上がりに注意(ちゅうい)して，計算しましょう。

3 一の位の□から，あてはまる数を入れていきましょう。

(4)の□+7=3 は，7をたして，答えの一の位が3になる数が□にあてはまる数です。

4 表(ひょう)のどの人数とどの人数をたすのかをよくたしかめてから，計算しましょう。

5 全部(ぜんぶ)のページ数は，
読んだページ数+のこったページ数
でもとめられます。

ハイクラス

p.8〜9

1 (1)816 (2)235 (3)465 (4)537 (5)923 (6)742 (7)837 (8)810 (9)1232 (10)517 (11)722 (12)1001 (13)1000 (14)1253 (15)1541 (16)1261 (17)107 (18)1061 (19)1271 (20)1024

2 (1)589 (2)747 (3)800

3 (1)(式)398+286=684 (答え)684 m

(2)(式)475+286=761 (答え)761 m

4 (式)120+275+168=563 (答え)563 円

5 (式)135+135+19+135+39=463 (答え)4 m 63 cm

6 (式)459+292+883+366=2000 (答え)2000 円

とき方

1 位をそろえて，くり上がりに注意して，一の位からじゅんに計算しましょう。

2 くふうして計算します。かんたんに計算できるように，たす数のじゅんばんをかえて計算します。たすと何百になる数どうしを先に計算しましょう。

(1)193+289+107=193+107+289
=300+289=589

(2)247+<u>378+122</u>
=247+500=747

(3)256+168+144+232
=<u>256+144</u>+<u>168+232</u>
=400+400=800

3 長さのたし算の問題(もんだい)です。長さのたし算の問題も，お金や人数と同じように考えて計算します。

4 3つの数のたし算の問題です。

3つの数をいちどに計算するのがむずかしければ，計算を2回に分けて，じゅんにたします。まず，ノートとはさみのねだんをたして，次(つぎ)に，その答えにえん筆(ぴつ)のねだんをたします。

5 長さのたし算の問題です。

たし算するときは，1 m 35 cm = 135 cm と，たんいを cm にそろえてから計算しましょう。

6 4つの数のたし算の問題です。買い物(もの)をする前の，はじめに持(も)っていたお金をもとめるので，品物(しなもの)を買って，はらった代金(だいきん)をじゅんばんにたしていき，さい後にのこったお金をたせば，もとめられます。

むずかしければ，❹のときと同じように，計算を何回かに分けて，じゅんばんにたしていきましょう。

3 ひき算の筆算 ①

標準クラス

p.10〜11

❶ (1)900 (2)700 (3)900 (4)500
(5)500 (6)400

❷ (1)319 (2)144 (3)417 (4)118
(5)407 (6)708 (7)398 (8)587
(9)296 (10)189 (11)359 (12)348
(13)776 (14)97 (15)87 (16)88

❸
(1)
```
  [8]7 5
－ 5[1]3
  3 6[2]
```
(2)
```
  4[1][9]
－[1]4 8
  2 7 1
```
(3)
```
  [3]8[2]
－ 1[2]7
  2 5 5
```
(4)
```
  6 2 4
－ 2 7[5]
  [3][4]9
```
(5)
```
  5[3]1
－[1]3 9
  3 9[2]
```
(6)
```
  7 4[3]
－[4]9 6
  2[4]7
```

❹ (式)312−248=64
(答え)東小学校が 64 人多い。

❺ (式)423−254=169 (答え)169 羽

❻ (れい)いちかさんは 312 ページある本を読んでいます。まだ，129 ページのこっています。いちかさんは何ページ読みましたか。

とき方

❶ 4 けたの数−3 けたの数の暗算です。100 が何こ分と考えて，かんたんにして，計算しましょう。

❷ ひき算の筆算です。一の位から，くり下がりに注意して，計算しましょう。

❸ 一の位の□からあてはまる数を入れていきます。

> ポイント (2)の □−4=7 は，7+4=11 より，1 つ上の位の百の位から 1 くり下げて，11−4=7 と考えます。

❹ 東小学校と西小学校の人数のちがいをひき算でもとめる問題です。

❺ (兄がおった数)＋(わたしがおった数)=423(羽)であることから，わたしがおった数は，423−(兄がおった数) でもとめられることがわかります。

❻ 下のような図からひき算の式になる問題を考えましょう。

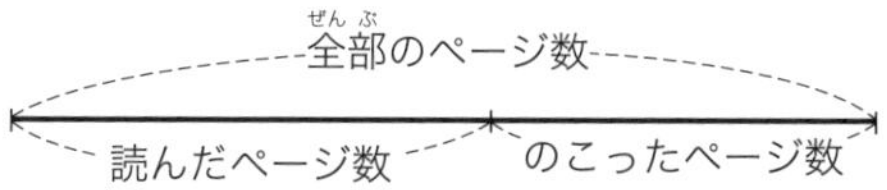

ハイクラス

p.12〜13

❶ (1)233 (2)435 (3)517 (4)256
(5)346 (6)233 (7)336 (8)489
(9)258 (10)588 (11)197 (12)58
(13)79 (14)337 (15)124 (16)805

❷ (1)502 (2)314 (3)700 (4)0
(5)100 (6)700

❸ (1)152 (2)194 (3)386 (4)259
(5)219 (6)469 (7)514 (8)428

❹ (式)500−(120+285)=95
(答え)95 円

❺ (式)515−396=119
(答え)さくらさんが 119 m 遠い。

❻ (式)645+280=925
925−850=75 (答え)75 円

とき方

❶ 3 けたの数−3 けたの数，4 けたの数−3 けたの数の筆算です。くり下がりに注意して，計算しましょう。

❷ ひくと何百になる数どうしを先に計算するとよいです。
(1)976−198−276 は，976−276 を先に計算すると，976−276=700
700−198 となり，ひき算がかんたんになります。

❸ (1)246+□=398 より，
246 にある数をたすと 398 になるので，ある数は，398−246 のひき算でもとめることができます。
(5)同じように考えて，631−□=412 より，631 からある数をひくと 412 になるので，ある数は，ひかれる数の 631 から答えの 412 をひけば，もとめることができます。

> ポイント わからなければ下のような図に表して考えてみましょう。

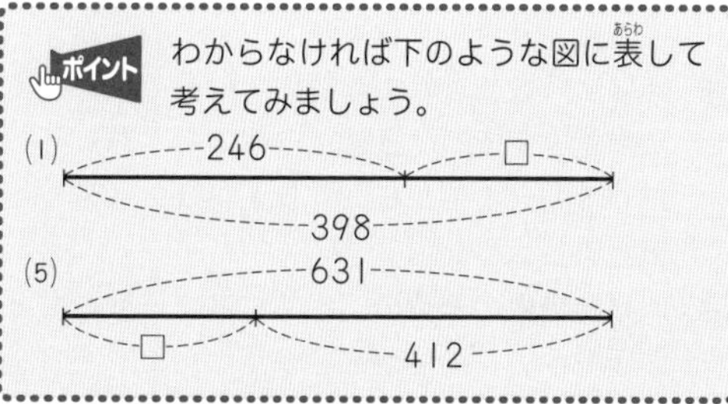

❹ 500 円からノートとサインペンの代金の合計をひけばもとめられます。
500−(120+285)=95(円)
次のように，500 円からノートとサインペンの代金をじゅんにひいてもとめてもよいです。

500−120−285=95(円)

5 長さのひき算の問題です。ちがいをもとめるので，ひき算になります。

6 持っているお金が，筆箱と下じきを合わせた代金よりいくら少ないかをもとめる問題です。まず，筆箱と下じきの代金の合計をもとめます。それから，持っているお金と代金の合計のちがいをもとめればよいので，たし算とひき算の両方の計算でもとめます。

4 たし算の筆算 ②

標準クラス

p.14〜15

1 (1)12000 (2)2000 (3)13000
(4)11000 (5)9000 (6)10000

2 (1)10097 (2)16671 (3)13481
(4)10532 (5)5351 (6)15608
(7)64547 (8)123192 (9)65122
(10)102462 (11)139710 (12)140326

3 (1)
```
   5932
 + 6083
  12015
```
(2)
```
   4992
 + 6389
  11381
```

4 (式)22318+19783=42101
(答え)42101 歩

5 (式)36278+45923=82201
(答え)82201 人

6 (式)40693+39479=80172
(答え)80172 人

とき方

1 (4 けたの数)+(4 けたの数)の暗算です。けた数がふえても，(何百)+(何百) の暗算のときと同じように，1000 が何こと何こと考えて，かんたんにして，計算しましょう。

2 4 けたの数や 5 けたの数のたし算の筆算です。けた数がふえても，3 けたの数のたし算と同じようにして，一の位から，くり上がりに注意して，計算しましょう。

3 4 けたの数の筆算の□にあてはまる数をもとめる問題です。一の位からじゅんばんに，くり上がりに注意して，考えます。

(1)の□+3=5 で，□はたされる数なので，5−3=2 とわかります。このように考えて，一の位からじゅんに十の位，百の位それぞれについて，□にあてはまる数をもとめていきます。そのとき，その位のたされる数やたす数より，その位の答えが小さいときは，くり上がりがあるので注意しましょう。

456 5 けたの数＋5 けたの数のたし算の問題です。けた数がふえても，4 けたの数のたし算のときと同じように，一の位から，くり上がりに注意して，計算しましょう。

ハイクラス

p.16〜17

1 (1)32012 (2)52007 (3)60123
(4)84755 (5)141053 (6)1538563
(7)138071 (8)120929 (9)159180

2 (1)
```
    7348
 + 96217
  103565
```
(2)
```
   52876
 +  9347
   62223
```
(3)
```
   50396
 + 85748
  136144
```
(4)
```
   89256
   98377
 + 59286
  246919
```

3 (1)(式)34281+45537=79818
(答え)79818 人
(2)(式)34281+29416+45537
=109234 (答え)109234 人

4 (式)1458+2302=3760
(答え)3760 cm

5 (式)54310+10345=64655
(答え)64655

とき方

1 けた数が多い数のたし算の筆算です。けた数がふえても筆算のしかたはかわらないので，くり上がりに注意して，計算しましょう。

2 たし算の筆算の式の□にあてはまる数をもとめます。一の位からじゅんばんに，あてはめていきましょう。

(1)の一の位の計算は 8+□=5 で，8+□ の答えの一の位が 5 なので，□=7 です。十の位の計算は，くり上がりがあるので，1+□+1=6 で，□=4 です。このように考えて，一の位からじゅんに十の位，百の位それぞれについて，□にあてはまる数をもとめていきます。

3 5 けたの数のたし算でとく問題です。(2)は 3 つの数のたし算になりますが，(1)で，東山市と南田市の 2 つの市の人口をたしているので，その答えに西川市の人口をたせば 3 つの市の人口を合わせた人数がわかります。

4 長さのたし算の問題です。cm で答えるので，たし算をする前に，たんいを cm にそろえて，計算しましょう。

5 0，1，3，4，5の5まいのカードを全部使って，いちばん大きい数をつくります。数を大きいじゅんにならべればいちばん大きい数になります。いちばん小さい数は，数を小さいじゅんにならべますが，いちばん上の位を0にはできないことに注意しましょう。

5 ひき算の筆算 ②

標準クラス

p.18〜19

1 (1)4000 (2)6000
(3)10000 (4)8000
(5)2000

2 (1)1249 (2)5928 (3)1220
(4)1894 (5)4154 (6)3646
(7)1241 (8)41780 (9)996

3 (1)8034 (2)21117 (3)104221

4 (1) $\boxed{8}0\boxed{7}0 - 3\boxed{9}3\boxed{6} = 4134$ (2) $59\boxed{3}\boxed{7} - \boxed{1}\boxed{9}48 = 3989$

(3) $276\boxed{5}8 - \boxed{9}\boxed{7}3\boxed{2} = 17926$ (4) $\boxed{6}3\boxed{1}4\boxed{5} - 27\boxed{0}9 = 60436$

5 (式)52483−47526=4957
(答え)4957 人

6 (式)30000−28500=1500
(答え)1500 円

とき方

2 4けたの数−4けたの数，5けたの数−5けたの数のひき算の筆算です。けた数がふえても，3けたの数のひき算と同じようにして，一の位から，くり下がりに注意して，計算しましょう。

3 けたの数の多いたし算やひき算の式の□にあてはまる数をもとめる問題です。

ポイント たされる数+たす数=答え や たされる数+たす数=答え のときは，それぞれ，答えからたす数やたされる数をひけば，もとめることができます。ひき算の場合は，□がひかれる数か，ひく数かで，たし算でもとめるか，ひき算でもとめるかがちがうので，注意しましょう。ひかれる数−ひく数=答え のときは，答えにひく数をたして，もとめることができます。ひかれる数−ひく数=答え のときは，ひかれる数から答えをひいて，もとめます。

4 ひき算の筆算の式の□にあてはまる数をもとめます。一の位からじゅんばんに，あてはめていきましょう。

ポイント (1)の 0−□=4 で，□はひく数です。0からひくことはできないので，十の位から1くり下げて 10−□=4 と考えれば，□=6 とわかります。
このように考えて，一の位からじゅんに十の位，百の位それぞれについて，□にあてはまる数をもとめていきます。0−□=4 のように，その位のひかれる数より答えが大きい数のときや，□−6=8 のように，ひく数と答えをたすと2けたになるときは，ひとつ上の位からくり下げているので，注意しましょう。

5 5けたの数のひき算の問題です。男の人の数と女の人の数のちがいをもとめます。ひかれる数とひく数はそれぞれどの数になるか，よく考えて計算しましょう。男の人の数の方が女の人の数より多いので，男の人の数−女の人の数というひき算の式になります。

6 3万円持っていて，代金が 28500 円の自転車を買ったおつりをもとめるので，30000−28500 という式でもとめます。

ハイクラス

p.20〜21

1 (1)4889 (2)5998 (3)84477
(4)11607 (5)25808 (6)7876
(7)38401 (8)26891 (9)1907

2 (1) $\boxed{4}00\boxed{7}\boxed{3} - \boxed{8}624 = 31449$ (2) $84\boxed{0}0\boxed{5} - \boxed{7}\boxed{3}9\boxed{3}7 = 10068$

(3) $\boxed{3}1\boxed{4}15 - \boxed{6}8\boxed{7}0 - 812\boxed{9} = 16416$ (4) $\boxed{9}756\boxed{2} - 3\boxed{0}\boxed{6}40 - 280\boxed{4}7 = 38875$

3 (式)82500−56700=25800
(答え)25800 円

4 (1)(式)38245+10086=48331
(答え)48331 人
(2)(式)38245+48331=86576
90000−86576=3424
(答え)3424 人

5 (式)4980+3860+200+1450−10000
=490　(答え)490円

とき方

1 5けたの数−4けたの数，5けたの数−5けたの数，けた数の多い3つの数のひき算の筆算です。くり下がりに注意して，計算しましょう。

2 けた数の多いひき算の式の□にあてはまる数をもとめる問題です。標準クラスの4のポイントをさん考にして，同じように考えて，もとめましょう。

3 ひき算になる問題です。DVD(ディーブイディー)レコーダーの代金をもとめるので，テレビとDVDレコーダーの代金の合計から，テレビの代金をひきます。

4 問題文をよく読んで，正しく読みとりましょう。問題文をことばと数を使(つか)って式に表(あらわ)すと，
西市の人口=東市の人口+10086 になります。
(1)上の式に，それぞれの市の人口をあてはめて，もとめましょう。
(2)問題文より，東市の人口と西市の人口を合わせた数をもとめて，9万から合わせた数をひけばよいことがわかります。

5 4つの用品(ようひん)の代金の合計から，1万をひきます。

チャレンジテスト①

p.22〜23

1 (1)1041　(2)1047　(3)1484　(4)2319
(5)9169　(6)9713　(7)8312　(8)7193
(9)12152　(10)11955　(11)189　(12)27
(13)76　(14)999　(15)1214　(16)3323
(17)4174　(18)51738　(19)70067
(20)11962

2 (1)1503　(2)2249　(3)1546　(4)4311
(5)3620　(6)5175

3 (式(しき))8603+3086=11689
(答え)11689

4 (1)(式)4523−1736=2787
(答え)2787人
(2)(式)2787−978=1809
10000−(2787+4523+1809)=881
(答え)881人

とき方

1 これまで練習(れんしゅう)してきたように，上の位(くらい)にくり上がるとき，上の位からくり下げるときは注意(ちゅうい)して計算しましょう。

2 ( )を使(つか)った式では，( )を先に計算します。とくに，ひき算では，( )の中を先に計算しないと，計算まちがいをするので，注意しましょう。

3 いちばん大きい数は，8630
2番目に大きい数は，8603
いちばん小さい数は，3068
2番目に小さい数は，3086

ポイント　つくる数は4けたの数なので，0368，0638などはふくまれません。

4 (1)「北町の人口は，南町の人口より1736人多く，4523人」なので，南町の人口をもとめるには，北町の人口から1736(人)をひく，ひき算の計算になります。
(2)まず，西町の人口をもとめます。西町の人口は，(1)でもとめた南町の人口より，978人少ないので，南町の人口から978をひくと，西町の人口がわかります。北，南，西の3つの町の人口を合わせた人口が1万人になるには，あと何人ふえればよいかをもとめるので，1万(人)から3町の人口の合計をひけば，もとめられます。

チャレンジテスト②

p.24〜25

1 (1)29886　(2)67406　(3)91004
(4)67684　(5)69468　(6)71893
(7)111216　(8)101306　(9)310110
(10)47739　(11)77949　(12)83482
(13)9613　(14)12912　(15)12968
(16)959　(17)40　(18)208467

2 (1)203　(2)396　(3)2401　(4)5645

3 (1)(式(しき))69800+19740=89540
(答え)89540円
(2)(式)50000−(22880+19740)
=7380
(答え)7380円
(3)(式)75600+22880−5000
=93480
(答え)93480円

とき方

1 4けたの数，5けたの数，6けたの数のたし算やひき算の筆算(ひっさん)です。ひき算で，ひかれる数に上の位から1下ろすとき，上の位が0のときは，とくに注意しましょう。

2 たし算やひき算の式の中の□の数をもとめる問題(もんだい)です。

(1)3294+□+638=4135
3294+□=4135−638
3294+□=3497
□=3497−3294
□=203
(3)9034−□−427=6206
9034−□=6206+427
9034−□=6633
□=9034−6633
□=2401
□の数をもとめたら，式の□にあてはめて，正しいかどうか，たしかめましょう。

③ (2)5万円から買った商品(しょうひん)のねだんの合計をひいてもとめます。
(3)テレビとカメラの代金(だいきん)の合計より5000円安(やす)くなったので，代金の合計から5000ひくひき算でもとめます。

6 かけ算のきまり

標準クラス　p.26〜27

1 (1)0　(2)0　(3)0　(4)0
(5)50　(6)80　(7)90　(8)700
(9)60　(10)100　(11)500　(12)0

2 (1)5　(2)4　(3)8　(4)9　(5)10　(6)10
(7)6　(8)100　(9)8　(10)5

3 (1)2×9，3×6，6×3，9×2
(2)3×8，4×6，6×4，8×3
(3)3×9，9×3　(4)6×8，8×6

4 (1)>　(2)<　(3)<　(4)>

5 (式(しき))10×6=60　(答え)60こ

6 (式)80×7=560　(答え)560円

とき方

1 どんな数に0をかけても，0にどんな数をかけても答えは0になります。
(1)4×0=0　(3)0×7=0
ある数を10倍(ばい)すると，位(くらい)が1つ上がり，もとの数の右に0を1つつけた数になります。
ある数を100倍すると，位が2つ上がり，もとの数の右に0を2つつけた数になります。
(8)7×100=700

2 かけられる数とかける数を入れかえて計算しても，答えは同じになります。
(1)3×5=[5]×3　(5)10×4=4×[10]
かける数が1ふえると答えはかけられる数だけ大きくなります。また，かける数が1へると答えはかけられる数だけ小さくなります。
(9)6×7=6×[8]−6
(10)8×[5]=8×4+8

3 かけ算の九九の答えが同じになる九九を答えます。九九の表(ひょう)を思い出しましょう。また，かけ算では，かけられる数とかける数を入れかえて計算しても，答えは同じになることも考えると，はやく見つけることができます。

4 (1)と(2)はかけられる数が同じ数なので，かける数の大きさをくらべれば，どちらのかけ算の答えが大きいかがわかります。

5 **6** キャラメルの全部(ぜんぶ)の数は，キャラメル10この6倍の数です。80円のシール7まい分の代金は，80円の7倍です。どちらもかけ算の式になります。

ハイクラス　p.28〜29

1 (1)80　(2)90　(3)720
(4)4000　(5)6300　(6)3600
(7)18000　(8)32000　(9)540000

2 (1)10　(2)9　(3)30　(4)20　(5)7　(6)8
(7)6　(8)9　(9)5　(10)6

3 (1)>　(2)<　(3)>　(4)<　(5)>　(6)<

4 (式)4×40=160　6×50=300
160+300=460
(答え)460人

5 (式)90×8=720　1000−720=280
(答え)280円

6 (式)100×7=700　10×9=90
700+90=790
(答え)790円

7 (式)400×10=4000　4000−400=3600
(答え)3600円

とき方

1 何十・何百のかけ算です。
(4)500×8の500は，100が5こと考えて，100が(5×8)こで，4000と考えて計算します。

2 次(つぎ)のように□に入る数の計算に下線をひいて考えましょう。
(1)7×<u>2×5</u>=7×[10]
(2)<u>3×3</u>×7=[9]×7
かけ算では，かけられる数やかける数を分けて計算しても答えは同じになります。

(9) 8は3と5に分けられるので，
8×4=(3×4)+([5]×4)

(10) 11は5と6に分けられるので，
7×11=(7×5)+(7×[6])

3 何十・何百のかけ算の答えの大きさをくらべる問題です。計算のしかたは1のときとおなじように考えて計算しましょう。

4 4人の40倍と6人の50倍をたすと，全部のすわれる人数がもとめられます。かけ算とたし算の計算になります。

5 90円を8倍した代金を1000円からひきます。かけ算とひき算の計算になります。

6 100円の7倍と10円の9倍をたします。かけ算とたし算の計算になります。

7 かけ算とひき算の計算になります。

7 かけ算の筆算 ①

標準クラス

p.30〜31

1 (1)320 (2)270 (3)490 (4)1200
(5)3500 (6)5600

2 (1)86 (2)96 (3)28 (4)66
(5)84 (6)72 (7)96 (8)72
(9)567 (10)232 (11)294 (12)432
(13)260 (14)600 (15)408 (16)423

3 (1)846 (2)428 (3)1395 (4)3640
(5)5076 (6)4963 (7)2619 (8)3256

4 (1)5 (2)4 (3)9 (4)4

5 (式) 12×5=60　(答え) 60才

6 (式)125×7=875　(答え)875円

とき方

1 何十・何百のかけ算です。何十・何百の数は，0をとって，1けた×1けたのかけ算にすれば，かけ算の九九で計算できます。答えにはもとの0をつけます。かけられる数が10倍，100倍になれば答えも10倍，100倍になることを使って計算しましょう。

2 3 2けた×1けた，3けた×1けたのかけ算の筆算です。筆算をするときは，位をそろえて書いてから，一の位，十の位，…とじゅんに計算していきます。くり上がりがあるときは，どの位にくり上がるか，よく注意して計算しましょう。

4 筆算の式の□にあてはまる数をもとめる問題です。それぞれの位の答えの数から考えます。

(2)一の位は 8×6=48 なので，4が十の位にくり上がります。十の位の答えは8になっているので，8−4=4，6をかけて答えの一の位が4になるかけ算を6のだんの九九からさがします。6×4=24，6×9=54 があります。そのどちらになるかは，百の位のかけ算の答えでわかります。6×6=36 で，答えの百と千の位は38なので，十の位のかけ算の答えが，百の位に2くり上がったことになるので，□×6=24
□は4であることがわかります。

5 おじいさんの年れいはけんじさんの年れい12才の5倍なので，おじいさんの年れいをもとめる式は，12×5になります。

6 1まい125円のカード7まい分の代金をもとめるので，代金をもとめる式は，125×7になります。

ハイクラス

p.32〜33

1 (1)114 (2)357 (3)504
(4)485 (5)5680 (6)1184
(7)7480 (8)3122 (9)49200
(10)59139 (11)12858 (12)28752

2 (1) [4]6[2] × 8 = 3696　(2) 3[8]4 × [7] = 2688　(3) [2]95 × [6] = 1770
(4) 67[8] × [9] = 6102　(5) 8[5]4 × [4] = 3416　(6) [4]6[7] × 9 = 4203

3 (式) 345−50=295　295×6=1770
(答え) 1770円

4 (式) 9−2=7　9+7=16　16×2=32
(答え) 32才

5 (式) 245×8=1960
1960 cm=19 m 60 cm
(答え) 19 m 60 cm

6 (式) 4019+5828=9847
9847×8=78776　(答え) 78776人

とき方

1 2けた×1けた，3けた×1けた，4けた×1けたの筆算です。かけられる数のけた数がふえても，これまでと同じように，位をそろえて書いてから，一の位，十の位，…とじゅんに計算していきましょう。また，くり上がりがあるときは，よく注意して計算しましょう。

2 筆算の式の□にあてはまる数をもとめる問題です。□の数がふえても，標準クラスの4と同じように考えて，□にあてはまる数をもとめましょう。

3 345 円のケーキを 50 円安く売っていたので，ケーキ 1 このねだんは，345−50=295(円)
295 円のケーキを 6 こ買ったので，その代金は，295×6 のかけ算の式でもとめます。

式は次のように，(　)を使って 1 つの式に表すこともできます。
(345−50)×6=1770

4 お母さんの年れいをもとめるためには，まず，もとになるひろしさんとひろしさんの弟の年れいを合わせた数をもとめます。弟の年れいは，ひろしさんの年れい 9 才より 2 才下なので，9−2=7(才) になります。ひろしさんの年れいと合わせると，9+7=16(才) なので，16×2 で，お母さんの年れいがもとめられます。

5 2 m 45 cm は，たんいを cm にそろえて，245 cm にして，かけ算しましょう。

6 えりさんの町の人口は，4019+5828=9847(人) なので，だいきさんの町の人口は 9847 人の 8 倍です。

8 かけ算の筆算 ②

標準クラス

p.34〜35

1 (1)4100 (2)3650 (3)1470 (4)1980
(5)960 (6)3990 (7)9600 (8)43200
(9)27900 (10)42400 (11)25200
(12)42700

2 (1)2142 (2)6080 (3)3182
(4)5390 (5)2556 (6)738
(7)4316 (8)572 (9)288
(10)690 (11)2132 (12)4088

3 (1)9424 (2)5960 (3)26274
(4)37559 (5)28536 (6)22992
(7)21060 (8)10944

4
(1)
```
   38
  ×66
  228
 228
 2508
```
(2)
```
   57
  ×89
  513
 456
 5073
```
(3)
```
   46
  ×72
   92
 322
 3312
```
(4)
```
   674
  × 98
  5392
 6066
 66052
```

5 (式) 120×24=2880　(答え) 2880 円

とき方

1 かけられる数やかける数の 0 をとって計算して，答えにとった数だけの 0 をつけて計算します。

2 3 2 けた×2 けた，3 けた×2 けたの筆算です。一の位から，くり上がりに注意して，計算しましょう。

4 かけ算の筆算の式の□にあてはまる数をもとめる問題です。それぞれの位の答えの数から考えます。

(1)は，一の位のかけ算の答えは 8×6=48 なので，答えの十の位に 4 がくり上がります。十の位のかけ算 □×6 の答えにくり上がった 4 をたして 22 になっているので，□=3 になります。

5 120 円の 24 倍が，代金になります。

ハイクラス

p.36〜37

1 (1)32402 (2)31980 (3)4680
(4)29784 (5)50858 (6)53606

2
(1)
```
    973
  ×  49
   8757
  3892
  47677
```
(2)
```
    462
  ×  39
   4158
  1386
  18018
```
(3)
```
    602
  ×  74
   2408
  4214
  44548
```

3 (1)(式)65×18=1170　1170−1000=170
(答え)170 円
(2)(式)65×12=780　1000−780=220
220÷2=110
(答え)110 円

4 (式) 255+87=342　342×69=23598
(答え)23598 円

5 (式) 225×80=18000
74×130=9620　485×55=26675
18000+9620+26675=54295
(答え)54295 円

とき方

1 3 けた×2 けたのかけ算の筆算です。筆算になおすときは，位をそろえて，一の位からじゅんに計算します。答えのくり上がりに注意しましょう。

2 かけ算の筆算の式の□にあてはまる数をもとめる

問題です。それぞれの位の答えの数から考えます。

3 **4** 問題文をよく読んで，かけられる数とかける数を正しくつかんでから，計算しましょう。

5 絵の具，ノート，筆箱のねだんにそれぞれのこ数をかけて，それぞれの品物の金がくをもとめます。それから3つの金がくをたせば，もとめられます。

9 かけ算の筆算 ③

標準クラス

p.38～39

1 (1)148000 (2)234000
(3)360000 (4)243000

2 (1)253260 (2)228780
(3)363312 (4)357390
(5)439761 (6)287716
(7)127890 (8)136770
(9)269451

3 (式) 350×140=49000
(答え) 49000 mL

4 (式) 285×728=207480
(答え) 207480 円

5 (式) 800×365=292000
(答え) 292000 m

6 わけ…(れい)十の位の 3×6=18 の計算で，上の位に1くり上げていないから。
(答え) 34980

とき方

1 かけられる数やかける数の一の位や十の位の0をとって計算して，答えにとった数だけ0をつければ，計算が楽になります。

2 3けたの数×3けたの数の筆算です。今までに学習したかけ算の筆算のきまりを思い出して，一の位からじゅんに，くり上がりに注意して，計算しましょう。

3 140本分のジュースは全部で何mLかをもとめるので，かけられる数は350(mL)で，かける数は140(本)です。

4 728人分のケーキの代金(円)をもとめるので，かけられる数は285(円)で，かける数は728(人)です。

5 1年間(365日間)毎日800m走るときに，何m走ることになるかをもとめるので，かけられる数は800(m)で，かける数は365(日)になります。

ハイクラス

p.40～41

1 (1)62424 (2)269640
(3)161280 (4)175848
(5)96820 (6)338515

2 (1)

```
     [6]7[7]
   ×  9[4]4
   ---------
     2708
    2[7]08
  6[0]9[3]
  ---------
  639088
```

(2)

```
     [8][4]3
   ×  89[4]
   ---------
     3[3]72
    7[5]87
  6[7]44
  ---------
  753642
```

3 (式) 370+590=960 960×365=350400
(答え) 350400 m

4 (式) 170+220=390 390×128=49920
(答え) 49920 円

5 (式) 280×345=96600
100000−96600=3400
(答え) 3400 円

6 (式) 108×420=45360
115×280=32200
45360+32200=77560
(答え) 77560 円

とき方

1 3けたの数×3けたの数のかけ算です。筆算の式になおすときは，位をそろえて書いて，今までと同じように，上の位にくり上がる数をわすれないように，注意して，計算しましょう。

2 かけ算の筆算の式の□にあてはまる数をもとめる問題です。けた数はふえていますが，36ページの**2**のときの考え方と同じなので，落ち着いて，計算ミスのないように注意して，□にあてはまる数をもとめましょう。

ポイント (1)，(2)とも，まず，一の位の□からもとめていきます。(1)は□×4 の□の数をもとめるので，4のだんの九九で答えの一の位が8になる九九を考えると，4×2=8，4×7=28 がありますが，十の位のかけ算 70×4=280 の答えの十の位が0になっていることから，□×4 の□は7であることがわかります。7×4=28 と 70×4=280 をたすと，308 になることで，たしかめられます。百の位の□×4 は，かけ算の答えの百の位が7になっているので，十の位からくり上がった3をたして，百の位が7になる九九を考えると，6×4=24 しかありません。同じように考えて，7×□(十の位)ももとめていきましょう。

❸ １日 370+590=960(m) 毎日走って，それを365日走りつづけるので，もとめる式は，960×365 になります。

❹ ３年生128人分のバス代と電車代をもとめるので，１人分の代金 170+220=390(円) をもとめて，128倍(ばい)すれば，もとめられます。

❺ ノート345さつの代金をもとめて，100000からひきます。

❻ まず，りんご全部(ぜんぶ)の代金とパン全部の代金をそれぞれもとめます。

チャレンジテスト③

p.42〜43

① (1)123858 (2)84816
(3)233798 (4)176985
(5)426924 (6)474744
(7)222968 (8)129960

② (1)8，3000 (2)400，51200
(3)4，100，1300 (4)5，410，574
(5)10，390，624

③ (1)168 (2)8160 (3)6400 (4)13776
(5)15048 (6)8200 (7)8262
(8)20640 (9)87791

④ (式(しき)) 100×8=800 50×4=200
10×8=80 800+200+80=1080
100×6=600 50×5=250
10×11=110 600+250+110=960
1080−960=120
(答え)あきらさんが120円多い。

⑤ (式) 12×4=48 53×48=2544
2544+306=2850 (答え)2850円

とき方

② (1)〜(3)かけ算だけの式では，かけるじゅんじょを変(か)えても答えは同じです。
(4)，(5)かけ算では，かけられる数やかける数を分けて計算しても答えは同じになります。

③ (3)や(6)は次(つぎ)のようにくふうして計算できます。
(3)64×50×2=64×100=6400
(6)82×25×4=82×100=8200

④ 100円玉，50円玉，10円玉のそれぞれの数から，２人がそれぞれ持(も)っているお金の合計を出して，ひき算でもとめましょう。

⑤ 代金(だいきん)をはらったあと，306円あまったので，１本53円のえん筆(ぴつ)４ダース分の代金の合計とあまった306円をたせば，はじめに持っていたお金をもとめることができます。
４ダースは，１ダース=12本 の４倍(ばい)です。

チャレンジテスト④

p.44〜45

① (1)133859 (2)186242
(3)240284 (4)303310
(5)45288 (6)650682 (7)633810

② (1)295 (2)1010 (3)795 (4)2688
(5)4716 (6)29964 (7)3472 (8)8132

③ (式(しき)) 12×3=36 85×36=3060
100×3=300 3060−300=2760
(答え)2760円

④ (式) 38×26=988 988+27=1015
(答え)1015こ

⑤ (式) 36×15=540 540+6=546
(答え)546人

⑥ (式) 40+37=77 3200×77=246400
(答え)246400円

とき方

② (1)〜(3)左からじゅんに計算します。
(4)〜(8)かっこの中を先に計算します。

③ ジュース全部(ぜんぶ)の代金から安(やす)くしてくれた分の金がくをひきます。３ダース買ったので，100×3(円)安く売ってくれたことになります。

④ ふくろに入っているあめの数とばらのあめの数をたしてもとめます。

⑤ 登山(とざん)に行った全員(ぜんいん)の人数をもとめるので，ロープウエーで運(はこ)んだ 36(人)×15(回)に，まだ，ロープウエーに乗(の)っていない，のこりの６人をたしてもとめます。

⑥ ３年１組の人数は40人で，２組の人数は37人なので，40+37(人)分のバス代をもとめることになります。

10 わり算 ①

標準クラス

p.46〜47

❶ (1)7 (2)2 (3)5 (4)9 (5)0
(6)1

❷ (1)6 (2)4 (3)8 (4)4 (5)4
(6)6 (7)9 (8)9 (9)9 (10)7
(11)8 (12)4 (13)9 (14)7 (15)3
(16)7 (17)5 (18)8 (19)8 (20)7

❸ (1)16÷8，14÷7，8÷4，12÷6

(2) 27÷9, 18÷6, 24÷8, 15÷5
(3) 36÷9, 24÷6, 8÷2, 28÷7
(4) 15÷3, 25÷5, 5÷1, 35÷7, 45÷9
(5) 0÷3

4 (式) 24÷3=8　(答え) 8つ
5 (式) 36÷4=9　(答え) 9つ

とき方

1 かけ算の九九を使って, □にあてはまる数をもとめます。たとえば, (1) 3×□=21 は, 3のだんの九九を□にあてはめていくと, 答えが21になるのは, 3×7=21 で, □=7 とわかります。
2 **1**と同じように, かけ算の九九を使って, わり算の答えをもとめます。たとえば, (1) 54÷9 は, 9のだんの九九で, 9にいくつかけると54になるか考えます。9×6=54 で, 答えは6とわかります。
3 かけ算の九九を使って, 考えましょう。
4 マッチぼう1本を三角形の1辺として考えます。1つの三角形の辺は3つなので, できる三角形の数をもとめる式は 24(本)÷3 になります。
5 **4**と同じように考えると, 1つの四角形の辺は4つなので, できる四角形の数をもとめる式は, 36(本)÷4 になります。

ハイクラス　p.48〜49

1 (1) 10　(2) 40　(3) 300
(4) 30　(5) 60
(6) 70　(7) 90
(8) 600　(9) 500
(10) 800　(11) 400　(12) 800
2 (1) >　(2) <　(3) >　(4) <
3 (1) 7　(2) 5　(3) 6　(4) 6
(5) 512　(6) 294
4 (式) 20÷2=10　(答え) 10本
5 (式) 32÷4=8　(答え) 8日間
6 (式) 150÷5=30　(答え) 30きゃく
7 (式) 80÷4=20　(答え) 20 cm

とき方

1 けた数が多くなっていますが, 0をとって計算し, 答えにとった数だけ0をつけましょう。
(1) 0を1つとって, 6÷6=1
答えに0を1つつけて, 10
(3) 0を2つとって, 9÷3=3
答えに0を2つつけて, 300
(4) 0を1つとって, 21÷7=3
答えに0を1つつけて, 30
2 わり算をして答えをもとめ, その大小を > や < を使って表しましょう。
3 (1) □=42÷6=7
(2) □=25÷5=5
(3) □=54÷9=6
(4) □=30÷5=6
(5) □=64×8=512
(6) □=42×7=294

> **ポイント** □があるかけ算やわり算の式は次のようにもとめることができます。
> □×●=▲→□=▲÷●
> ●×□=▲→□=▲÷●
> □÷●=▲→□=▲×●
> ●÷□=▲→□=●÷▲

4 問題文より, わられる数は 20(m), わる数は 2(m)です。
5 問題集を1日4ページずつするので, し終わった32(ページ)を4(ページ)でわれば, もとめられます。
6 答えをもとめる式は, 150÷5 になります。ここでも, 0をとって, 15÷5=3 と計算します。答えの3に0を1つつけて 30(きゃく)となります。
7 正方形は4つの同じ長さの辺でできているので, 80(cm)を4でわれば, 正方形の1辺の長さがもとめられます。

11 わり算 ②

標準クラス　p.50〜51

1 (1) ○　(2) ×　(3) ×　(4) ○
(5) ×　(6) ○
2 (1) 6あまり1　(2) 7あまり2　(3) 4あまり3
(4) 3あまり1　(5) 9あまり2　(6) 5あまり7
(7) 7あまり1　(8) 3あまり3　(9) 5あまり2
(10) 4あまり2　(11) 3あまり5　(12) 8あまり3
(13) 4あまり6　(14) 8あまり1　(15) 7あまり3
(16) 8あまり5　(17) 8あまり8　(18) 3あまり2
3 (1) ○　(2) 7あまり8　(3) 6あまり3
(4) ○　(5) ○　(6) 9　(7) 8あまり4
(8) 9
4 (1) (式) 58÷7=8 あまり2
(答え) 1人に8本で, 2本あまる。
(2) (式) 9×7=63　63−58=5　(答え) 5本

とき方

❶ それぞれ何のだんのかけ算の九九を使えばよいかを考えて，もとめましょう。

❷ かけ算の九九を使って，考えます。たとえば，
(1) 31÷5 は，31÷5=□，5×□=31 と考えれば，5のだんを使えばよいことがわかります。
5×6=30 がいちばん近い答えになるので，
31÷5 の答えは，6あまり1です。
他も同じようにして，もとめていきましょう。

❸ かけ算のどのだんの九九を使えばよいかを考えて，もとめましょう。あまりは，わる数より小さくなることにも注意しましょう。

❹ (1) 58本のえん筆を7人で同じ数ずつ分けるので，もとめる式は，58÷7 です。どのだんの九九を使えばよいかを考えて，もとめましょう。
(2) 7人に9本ずつ分けるためには，何本いるかを考えると，9(本)×7(人)の式でもとめられます。その答えから，もとの58本をひけば，あと何本あればよいかがわかります。

ハイクラス p.52〜53

❶ (1) 27　(2) 41　(3) 20　(4) 19
(5) 8　(6) 9　(7) 5　(8) 7

❷ (1) 5ふそく2　(2) 7ふそく4
(3) 7ふそく1　(4) 6ふそく3
(5) 4ふそく7　(6) 8ふそく6
(7) 7ふそく2　(8) 6ふそく2
(9) 9ふそく1　(10) 8ふそく3

❸ (式) 50÷7=7あまり1
(答え) 7週間と1日

❹ (式) 58÷8=7あまり2　7+1=8
(答え) 8箱

❺ (式) 12×5=60　60+5=65
65÷8=8あまり1
(答え) 1人に8本ずつ分けられて，1本あまる。

❻ 考え方と式…(れい) 55÷9=6あまり1で，あまりがないように分けるので，7まいを9倍したまい数にします。7×9−55=8 となり，あと8まいあれば9人に同じ数ずつ分けることができます。
答え…8まい

とき方

❶ あまりのあるわり算の答えのたしかめの式を使って，もとめます。
わる数×答え+あまり=わられる数 です。
(1) □=6×4+3=27
(5) □×7+6=62
□×7=62−6
□×7=56
□=56÷7
□=8

❷ わり算の答えのあまりではなく，たりない数をもとめます。
(1) 23÷5 は，五四20，五五25なので，
25−23=2 となり，答えは5ふそく2になります。

❸ 1週間は7日なので，50(日)を7(日)でわってもとめます。

❹ 58このボールを8こずつ全部箱につめるとき，何箱ひつようかをもとめるので，式は，58÷8 になります。答えは7あまり2になりますが，全部のボールを箱につめるので，あまりの2こを入れる箱がもう1箱いることに注意しましょう。

❺ 1ダースは12本なので，えん筆は全部で
12×5=60，60+5=65(本) あります。

12 わり算 ③

標準クラス p.54〜55

❶ (1) 10　(2) 11　(3) 10　(4) 33　(5) 11
(6) 21　(7) 11　(8) 21　(9) 23　(10) 44
(11) 33　(12) 22

❷ (1) 99÷9，77÷7，55÷5
(2) 48÷4，36÷3，24÷2
(3) 39÷3

❸ (式) 26÷2=13　(答え) 13こ

❹ (式) 88÷4=22　(答え) 22人

❺ (式) 77÷7=11　(答え) 11ページ

❻ (式) 69÷3=23　(答え) 23ふくろ

❼ (式) 36÷3=12　(答え) 12こ

とき方

❶ (2) 33÷3 は，30と3に分けて，
30÷3=10，3÷3=1 で，
答えは，10+1=11 とすれば，もとめることができます。

❷ ❶と同じように，十の位と一の位に分けて，計算します。

❸ わられる数は 26(こ)，わる数は 2(人)で，わり算の式にして，もとめましょう。

❹ わられる数は 88(まい)，わる数は 4(まい)で，わり算の式にして，もとめましょう。

❺ 77 ページの本を毎日同じページ数ずつ読んで，1 週間で，読み終えるようにするので，わられる数は 77(ページ)，わる数は 7(日)で，わり算の式にして，もとめましょう。

❻ わられる数は 69(こ)，わる数は 3(こ)で，わり算の式にして，もとめましょう。

❼ わられる数は 36(こ)，わる数は 3(グループ)で，わり算の式にして，もとめましょう。

ハイクラス p.56〜57

❶ (1) 11　(2) 21　(3) 22　(4) 31　(5) 34
(6) 11　(7) 120　(8) 130　(9) 420　(10) 230
(11) 120　(12) 110

❷ (1) 11　(2) 13　(3) 12　(4) 42　(5) 23
(6) 22　(7) 41　(8) 33

❸ (式) 42÷2=21　(答え) 21 本

❹ (式) 12×3=36　36÷3=12
(答え) 12 まい

❺ (式) 39+45=84　84÷4=21
(答え) 21 ふくろ

❻ (式) 280÷7=40　(答え) 40 ページ

❼ (式) 88÷4=22　(答え) 22 cm

とき方

❶ 標準クラスの❶と同じように考えて，それぞれの位に分けて，わり算しましょう。
(7) 0 を 1 つとって，24÷2=12
答えに 0 を 1 つつけて，120

❷ (1) □=22÷2=11
(5) □=46÷2=23

❸ わられる数は 42(m)，わる数は 2(m)です。

❹ まず，12 まい入りのおり紙 3 ふくろ分をもとめます。それから，わる数 3(人)で，わり算しましょう。

❺ まず，2 人のクッキーを合わせたまい数をもとめましょう。クッキーを 1 ふくろに 4 まいずつ入れるということは，4 まいずつに分けることと同じなので，合わせたまい数を 4(まい)でわります。

❻ 280 ページある本を，毎日同じページ数ずつ読んで，1 週間(7 日間)で読み終わったので，もとめるわり算の式は，280(ページ)÷7(日)です。わり算するときは，280 の 0 をとって，28÷7 として計算しましょう。

❼ 「10 わり算①」のハイクラスの❼と同じように考えて，88(cm)を 4 でわれば，正方形の 1 辺の長さが，もとめられます。

13 □を使った式

標準クラス p.58〜59

❶ (1) 持っていた数+もらった数=全部の数
(2) (式) 24+□=39
□=39−24
□=15
(答え) 15 まい

❷ (式) □−20=36
□=36+20
□=56
(答え) 56 こ

❸ (1) 1 このねだん×買った数=代金
(2) (式) □×10=550
□=550÷10
□=55
(答え) 55 円

❹ (1) 1 箱分の数×箱の数=全部の数
(2) (式) 8×□=88
□=88÷8
□=11
(答え) 11 箱

とき方

❶ (1) 問題文のことばを使って，ことばの式をつくります。
(2) はじめに持っていたカードが 24 まい，友だちに何まいかカードをもらって全部で 39 まいになったので，わからない数は，友だちにもらったカードのまい数です。これを□として式に表します。

❷ はじめに持っていたおはじきの数を□ことして問題文にあわせて，式をつくります。はじめに持っていたおはじきの数が□こ，そこから妹に 20 こあげたので，□−20，のこったおはじきの数が 36 こなので，式は，□−20=36 となります。

❸ (2) わからない数は，アイスクリーム 1 このねだんですから，これを□円として，式をつくり，□の数をもとめます。

❹ (2) わからない数は，88 このあめを 8 こずつ入れた箱の数です。

ハイクラス　p.60〜61

1 (1)(ことばの式)
(持っていたお金)−(代金)=(のこったお金)
(□を使った式) 500−□=170
□=500−170
□=330
(答え) 330円

(2)(ことばの式)
(公園にいた人数)+(あとからきた人数)
=(公園にいる全員(ぜんいん)の人数)
(□を使った式) □+28=59
□=59−28
□=31
(答え) 31人

(3)(ことばの式)
(1本のねだん)×(買った本数)=(代金)
(□を使った式) □×9=720
□=720÷9
□=80
(答え) 80円

(4)(ことばの式)
(はじめのまい数)÷(人数)=(1人分のまい数)
(□を使った式) □÷7=24
□=24×7
□=168
(答え) 168まい

2 (1)(式) □+12=50
□=50−12
□=38
(答え) 38本

(2)(式) □÷35=42
□=42×35
□=1470
(答え) 1470 cm

3 (式) □+35+29=168
□=168−35−29
□=104
(答え) 104ページ

4 (式) 7×□+3=66
7×□=66−3
7×□=63
□=63÷7
□=9
(答え) 9ふくろ

とき方

1 問題文をよく読んで，それぞれ，わからない数は何かを考えます。問題文を読んで，答えとしてもとめるもの，また，はっきりと数でしめされていないものが，わからない数です。まず，ことばの式に表してみましょう。わからない数がどれかわかったら，それを□として，問題文のじゅんじょにそって，式をつくります。式が，たし算，ひき算，かけ算，わり算のどれになるかよく考えて，まちがえないようにしましょう。

2 (1)はじめに持っていたえん筆(ぴつ)の数がわからない数です。また，1ダースは12本です。□を使った式はたし算になります。
(2)はじめのリボンの長さがわからない数です。リボンを35 cmずつ切っていくので，式はわり算になります。

3 きのうまでに読んだページ数を□ページとして式に表します。図に表すと下のようになります。

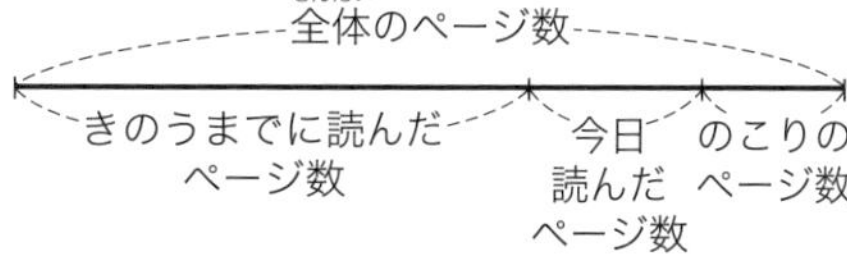

4 66このクッキーを7こずつつめたふくろの数がわからない数です。ふくろの数を□ふくろとすると，ふくろに7こずつつめたあと3こあまったので，式は 7×□+3=66 になります。

チャレンジテスト⑤　p.62〜63

1. (1) 7　(2) 9　(3) 6あまり1
(4) 9あまり3　(5) 7　(6) 8あまり1
(7) 4あまり2　(8) 6　(9) 7あまり1
(10) 6あまり4　(11) 5あまり3　(12) 8
2. (1) 32　(2) 3　(3) 3　(4) 3　(5) 12　(6) 11
3. (1) 1　(2) 4　(3) 2　(4) 1　(5) 10
(6) 14　(7) 1　(8) 0
4. (式(しき)) 54÷5=10あまり4　10+1=11
(答え) 11組
5. (式) □−(270×3)=190
□−810=190
□=190+810
□=1000
(答え) 1000円

とき方

2. (1)あまりのあるわり算の答えのたしかめの式を使(つか)うと，5×6+2=32 となり，□=32 とわかります。

③ 3つの数のわり算やわり算とたし算，ひき算のまじった計算です。左からじゅんに計算しましょう。
(1)40÷8÷5=5÷5=1
(5)36÷6+4=6+4=10
(7)27÷3−8=9−8=1

④ 5×10=50，54−50=4 なので，54÷5=10 あまり4 となります。あまった4人も1組になるので，10+1=11(組) となります。

⑤ アイスクリームを買って，出したお金がわからない数です。1こ270円のアイスクリーム3こで，
270(円)×3(こ)=810(円)
おつりが190円なので，出したお金□円から810円ひくと190円になることを式に表すと，ひき算の式になります。

チャレンジテスト⑥

p.64〜65

① (1)11 (2)12 (3)24 (4)31 (5)70
(6)80 (7)70 (8)70 (9)400 (10)700

② (1)= (2)> (3)< (4)>
(5)= (6)< (7)> (8)>

③ (1)6 (2)27 (3)32 (4)3
(5)9 (6)11 (7)11 (8)7

④ (問題(もんだい))…(れい)240まいのおり紙があります。このおり紙を1人に8まいずつ分けると，何人に分けられますか。 (答え) 30人

⑤ (式(しき)) □÷6=26 あまり4
□=6×26+4
□=160 (答え) 160 cm

とき方

① (1)44を40と4に分けて，それぞれわり算すれば，40÷4=10，4÷4=1 となり，わり算の答えは，10+1=11 と計算できます。

2けた÷1けた，3けた÷1けたの計算で，かけ算の九九が使(つか)えない数のときは，
①十の位(くらい)，一の位に分けて，それぞれわり算してからたします。
②0がわられる数の下の位にある数は，0をとって計算して，答えにとった数だけ0をもどしてつけます。

② 2つの式をそれぞれ計算して，答えの数の大きさをくらべます。
不等号(ふとうごう)の使い方は，大>小，小<大です。

③ (1)〜(4)かけ算やわり算のまじった3つの数の計算です。
かけ算だけの計算とちがって，かけ算とわり算がまじっている計算では，左からじゅんに計算しましょう。
(5)〜(8)かっこの中を先に計算します。
(5)(15+66)÷9=81÷9=9
(7)99÷(86−77)=99÷9=11

(3)36÷9×8 の計算で，かけ算どうしを先に計算すると，
36÷(9×8)=36÷72 となり，答えがちがってきます。

④ わり算の問題には，「いくつかのものを，同じ数ずつに分けると，何人に分けられますか。」と「いくつかのものを，何人かに同じ数ずつ分けると，1人分はいくつになりますか。」の2しゅるいがあります。どちらもわり算の式は同じになります。今回は「8まい」ということばに注意(ちゅうい)して，問題をつくります。

⑤ あまりのあるわり算の答えのたしかめの式にあてはめて，もとめましょう。

14 時こくと時間

標準クラス

p.66〜67

1 (1)120 (2)3 (3)2 (4)300 (5)72
(6)110 (7)1，15 (8)3，30
(9)600 (10)3600

2 1日→9時間→60分→85秒(びょう)

3 (1)分
(2)秒
(3)分
(4)時間

4 (1)午前3時47分
(2)午前2時47分
(3)8時間33分

5 (1)7時51分 (2)6時10分
(3)18分3秒 (4)2時17分
(5)2時30分 (6)11分41秒

6 11分15秒

とき方

1 (1)1分=60秒 なので，2分を秒で表(あらわ)すと，
60(秒)×2=120(秒) です。

(3)60 分=1 時間 なので，120 分=2 時間 になります。

(5) 1 日=24 時間 なので，24×3=72(時間)

(6) 1 分= 60 秒 なので，60 秒+ 50 秒= 110 秒

(8) 210(秒)=60(秒)×3+30(秒) なので，3 分 30 秒です。

(10) 1 時間=60 分，1 分=60 秒なので，
1×60×60=3600(秒)

2 むずかしければ，同じ時間のたんいにそろえると，わかりやすくなります。

3 毎日の生活で，どんなとき，どれだけの時間すごしているかを考えましょう。何かをするとき，その前と後に時計を見るようにすると，よくわかるようになります。

4 (1)今の時こくが，午前 3 時 27 分なので，それから 20 分たつと，
午前 3 時 27 分+20 分=午前 3 時 47 分 です。

(2)午前 3 時 27 分の 40 分前なので，
40−27=13(分) より，午前 3 時の 13 分前の時こくになります。むずかしければ，次のように，図に表して考えましょう。

午前
□時□分　3時　3時27分
40分
13分　27分

(3) 正午は，昼のちょうど 12 時のことです。今の時こくは午前 3 時 27 分なので，午前 4 時までの時間は，60−27=33(分) です。
午前 4 時から正午までの時間は，
12−4=8(時間) なので，午前 3 時 27 分から，正午までの時間は，8 時間 33 分になります。

5 時間のたし算とひき算の計算です。整数の計算では，どの位も 10 集まると上の位に 1 くり上がりましたが，時間の計算では，60 ごとにくり上がるので，注意して，計算しましょう。

(2)
```
   時   分
   3   40
 + 2   30
   5   70
   6   10
```
(5)
```
   時   分
   4 3  20 80
 − 1   50
   2   30
```

6 こうじさんはひろしさんより，23 秒おくれてゴールしたのでこうじさんの記ろくは，
ひろしさんの記ろく+23 秒でもとめられます。
52(秒)+23(秒)=75(秒) で分のたんいに 1 くり上がることに，注意しましょう。
10 分 52 秒+23 秒=11 分 15 秒

ハイクラス　p.68〜69

1 (1)ア 2 時　イ 6 時　ウ 13 時　エ 19 時
(2)360 分
(3)イからエまでが 2 時間長い。

2 (1)8，22，502
(2)4，9，249　(3)19　(4)2125
(5)4，4，36

3 7 時 17 分 10 秒

4 (1) 9 時　(2)60 分

5 8 時 40 分

とき方

1 24 時せいでは，1 日の始まりの夜中の午前 0 時から 24 時間後の午前 0 時までを 0 時から 24 時で表します。午前，午後を使わないで，
午後 1 時は 12+1=13(時)，
午後 2 時は 12+2=14(時)
というように，12 +午後何時をたして，表していきます。

2 60 ごとにくり上がることに注意して，計算しましょう。
(4) 1 時間−25 分+ 25 秒
=3600 秒−1500 秒+ 25 秒
=2125 秒
(5) 3 時間 36 分+28 分 36 秒
=3 時間 64 分 36 秒=4 時間 4 分 36 秒

3 7 時 18 分 40 秒−1 分 30 秒
=7 時 17 分 10 秒

4 (1)6 時 45 分+2 時 15 分=9 時
(2)10 時−9 時=1 時間　1 時間=60 分

5 9 時 15 分−15 分−20 分= 8 時 40 分

15 長　さ

標準クラス　p.70〜71

1 (1)cm　(2)m
(3)m　(4)km

2 (1) 1 m 30 cm　(2) 1 m 36 cm
(3) 1 m 44 cm　(4)5 m 79 cm
(5)5 m 87 cm　(6)5 m 93 cm

3 (1)4000　(2)2800
(3)3　(4)5，750
(5)4，700　(6)6090

4 (1)4 km 500 m　(2)4 km 200 m

(3)6 km 550 m　(4)100 m
(5)4 km 150 m　(6)2 km 820 m

5 (1)道のり 1340 m，きょり 1060 m
(2)道のりが 280 m 長い。

とき方

1 「14 時こくと時間」の 標準クラス の **3** と同じように，小学校や外での毎日の生活で，見たり，考えたりすることが大切です。どんなものに，どのたんいを使って表せばよいか，どのたんいが使われているかなどを考えましょう。

2 まきじゃくのいちばん小さい目もりが表す長さを，まず，調べましょう。
10 目もりで 10 cm なので，1 目もりは 1 cm です。

3 1 km=1000 m をもとにして，考えましょう。

4 長さの計算では，たんいをそろえてから，同じたんいどうしで計算します。
(2)1 km 500 m+2700 m
=1 km 500 m+2 km 700 m
=3 km 1200 m=4 km 200 m
(4)2 km−1 km 900 m
=1 km 1000 m−1 km 900 m
=100 m

5 道のりは，道にそってはかった長さで，きょりは，まっすぐにはかった長さです。まちがえないようにしましょう。

ハイクラス

p.72〜73

1 (1)6　(2)3，800　(3)1，60
(4)6900　(5)30　(6)10070

2 (1)4 km 700 m　(2)7 km 200 m
(3)10 km 210 m　(4)7 km 930 m
(5)2 km 500 m　(6)1 km 580 m
(7)1 km 898 m　(8)2 km 170 m

3 (1)1200　(2)400　(3)2，800
(4)400　(5)14　(6)9000

4 (式) 1 km 300 m+800 m=2 km100 m
(答え) 2 km 100 m

5 (式) 1100×7=7700
7700 m=7 km 700 m
(答え) 7 km 700 m

6 (1)(式)(670+840)−1230=280
(答え) 家から神社を通って学校へ行く道のりが 280 m 長い。
(2)(式)670+840+700+770=2980
(答え) 2 km 980 m

とき方

1 標準クラス の **3** と同じように考えて，もとめましょう。m から km にたんいをかえて答えるときには，位どりをまちがえないように，注意しましょう。

2 標準クラス の **4** と同じように考えて，もとめましょう。ひき算では，小さいたんいへのくり下がりに，注意しましょう。まちがえたときは，いちばん小さいたんいにそろえて，計算してみましょう。

3 (1)300 m×4=□m の計算は，そのままでもかけ算できますが，むずかしいときは，たんいなしで，300×4=1200 と計算しましょう。
(5)700 m×20=□km のように，答えのたんいが km なので，700×20 の答え 14000 のままだと，たんいは m になります。0 の数を数えまちがえないようにして，km になおしましょう。

4 家から，駅まで行くのに，ゆうびん局の前を通るので，もとめる道のりは，(家からゆうびん局までの道のり)+(ゆうびん局から駅までの道のり)になります。

5 長さのかけ算の問題です。かけられる数は，1100(m)で，かける数は 1 週間=7 日 です。何 km 何 m で答えるとき，まちがえないように注意しましょう。

6 (1)家から神社を通って学校へ行く道のりと，家から学校までのきょりのちがいに注意しましょう。
(2)ひろとの家→神社→学校→図書館→家までの道のりを全部たした道のりになります。

16 重さ

標準クラス

p.74〜75

1 (1)550 g　(2)420 g
(3)900 g　(4)12 kg 500 g
(5)2 kg 800 g　(6)2 kg 600 g

2 (1)7000　(2)3
(3)4，800　(4)2，650
(5)3700　(6)1000

3 (1)kg　(2)g　(3)g

4 (1)7 kg　(2)3 kg

(3)4 kg 700 g　(4)7 kg 570 g
(5)3 kg 400 g　(6)3 kg 700 g
(7)1 kg 900 g　(8)5 kg 470 g
(9)6 kg 340 g　(10)2 kg 850 g

5 ア m　イ 1000　ウ 1000　エ g
オ mL　カ kL

とき方

1 それぞれのはかりのいちばん小さいめもりの表す重さに注意して，読み取りましょう。

2 1 kg=1000 g，1 t=1000 kg をもとにして考えましょう。0の数をまちがえないように注意しましょう。

3 大きさから考えたり，重さを実さいにはかったりして，それぞれのものの重さの見当をつけられるようにしましょう。

4 同じたんいどうしで計算します。g は 1000 g で 1 kg にくり上がります。ひき算で，上のたんいからくり下げるときも，1 kg で，1000 g になることに注意して，計算しましょう。
(4)4 kg 850 g+2 kg 720 g=6 kg 1570 g
=7 kg 570 g
(6)5 kg 300 g−1 kg 600 g
=4 kg 1300 g−1 kg 600 g=3 kg 700 g

5 m(メートル)，g(グラム)，L(リットル)などのそれぞれのたんいの k(キロ)や m(ミリ)には，次のような意味があります。

> **ポイント** 1 mm や 1 mg や 1 mL のように m(ミリ)がつくものを，1000 倍すると，m がとれて 1 m や 1 g や 1 L になります。1 m や 1 g や 1 L を 1000 倍すると，k(キロ)がついて，1 km や 1 kg や 1 kL になります。

ハイクラス

p.76〜77

1 (1)4　(2)3，240　(3)2，30　(4)5003
(5)4056　(6)1205　(7)3080　(8)5
(9)4000　(10)3

2 (1)5 kg 150 g　(2)6 kg 32 g
(3)2 kg 460 g　(4)2 kg 550 g
(5)780 g　(6)285 g　(7)5 kg 340 g
(8)2 kg 980 g　(9)3 kg 870 g
(10)1 kg 345 g

3 (1)5 kg 800 g　(2)4 kg 400 g
(3)475 g

4 (式)540−250=290　(答え) 290 g

5 (式)700+50=750　750×8=6000
6000 g=6 kg　(答え) 6 kg

6 (式)600 g+1 kg 450 g+980 g
=3 kg 30 g　(答え) 3 kg 30 g

7 (式)265×6=1590　1590+300=1890
1890 g=1 kg 890 g
(答え) 1 kg 890 g

とき方

1 標準クラス の**2**と同じように考えて，もとめましょう。
(9)(10) 1 g=1000 mg です。

2 標準クラス の**4**と同じように考えて，たし算のくり上がり，ひき算のくり下がりに注意してもとめましょう。たし算とひき算のまじった計算は，計算ミスしやすいので，落ち着いて計算しましょう。

3 はかりのいちばん小さいめもりや2番目に小さいめもりの1めもりが表している重さを調べてから，まちがえないようにめもりの数を数えて，もとめましょう。

4 重さのひき算の問題です。ひかれる数とひく数は，それぞれどれになるか，よく考えて，ひき算して，もとめましょう。

5 (おかしの重さ+箱の重さ)×箱の数 でもとめます。

6 3つの重さのたし算になります。

7 ボール半ダース(6こ)の重さをかけ算でもとめてから，ボール6こと箱の重さを合わせた全部の重さをたし算でもとめましょう。

チャレンジテスト⑦

p.78〜79

1 (1)3，35　(2)4，23　(3)6，3
(4)2，28　(5)17

2 (1)9，300　(2)1，600　(3)6，500
(4)2，310

3 (1)1003　(2)600　(3)4200　(4)6050
(5)2400　(6)5，800　(7)7，300
(8)200，130

4 5時間 35 分

5 (1)27 分
(2) 1時間 45 分

6 (午前)9 時 48 分

とき方

1 1 時間=60 分，1 分=60 秒 をもとにして，もとめましょう。時間のたし算では，秒から分，分から時間へくり上がるときは，60 でそれぞれくり上がります。くり下がるときも60です。整数のたし算やひき算とはちがうので，注意しましょう。

② 長さのたし算やひき算です。mからkmへは1000でくり上がります。kmからmへくり下がるときも1000になります。1km＝1000mをもとにして，計算しましょう。

③ 1kg＝1000g，1t＝1000kgです。
(8)たんいをgにそろえてから計算すると，けた数はふえますが，整数の計算と同じようにできます。
1t200g－500kg－300kg70g
＝1000200g－500000g－300070g
＝200130g＝200kg130g

④ 動物園に何時間何分いたかをもとめるので，動物園を出た時こくから，入園した時こくをひけば，もとめられます。
12時－9時45分＝2時15分
2時15分＋3時20分＝5時35分
べつのとき方 午後3時20分を午前，午後を使わない24時せいにして，
12時＋3時20分＝15時20分 とすると，
15時20分－9時45分 と1つの式でもとめられます。むずかしく感じなければ，1つの式でもとめてみましょう。

⑤ (1)あきらさんが，おふろに入っていた時間をもとめます。④の動物園にいた時間をもとめたときと同じように，おふろから出た時こくから，おふろに入った時こくをひけば，もとめられます。
7時17分－6時50分＝27分
(2)あきらさんは，毎日ねる前に15分読書をするので，1週間(7日間)で読書した時間は，
15分×7＝105分　105分＝1時間45分

⑥ 家を出てから，駅に着くまでにかかった時間を全部たします。駅に着いた時こくから，駅に着くまでにかかった全部の時間をひけば，もとめられます。問題文から，ゆうたさんは家を出てから，7分後にバスに乗りました。バスには，図書館前でおりるまで，4分乗っていました。図書館には28分いました。図書館を出て，スーパーマーケットによってから，駅に着くまで15分です。したがって，家を出て駅に着くまでの時間は，
7分＋4分＋28分＋15分＝54分
ゆうたさんが家を出た時こくは，
10時42分－54分＝9時48分

チャレンジテスト⑧

p.80〜81

① (1)5，400　(2)400
(3)28　(4)7000

② (1)4，800　(2)200　(3)327，200
(4)2，100

③ (式)6km300m＝6300m
6300÷7＝900　(答え) 900m

④ (式)52×8＝416　416＋130＝546
546×5＝2730　2730g＝2kg730g
(答え) 2kg730g

⑤ (1)(式)553－187＝366　(答え) 366km
(2)(式)366－187＝179
(答え) 名古屋から東京までが179km遠い。

⑥ (式)800＋250＋70＝1120
1120×8＝8960　8960g＝8kg960g
(答え) 8kg960g

⑦ (式)1350×4＝5400
500＋5400＝5900
5900g＝5kg900g
(答え) 5kg900g

⑧ (式)425×12＝5100　5100＋900＝6000
6000g＝6kg　(答え) 6kg

とき方

① 長さのたんいのかけ算とわり算です。
(2)，(4)は，それぞれ，2km400m＝2400m，56km＝56000m として計算すれば，そのままのたんいで答えにできます。

② たんいをgやkgにそろえて計算して，答え方が何kg何gになるときは，位をまちがえないようにしましょう。

③ 長さのわり算の文章問題です。わられる数は，1週間で走った道のり 6km300m＝6300m で，わる数は，1週間＝7日 です。

④ まず，52(g)×8(こ)でチョコレートの重さをもとめます。1箱の全体の重さは，
(チョコレートの重さ)＋(箱の重さ)です。

⑥ (かんづめの重さ)＋(クッキーの重さ)＋(箱の重さ)で，1セット分の重さをもとめます。それを8セット合わせた重さをもとめるので，
(1セット分の重さ)×8です。

⑧ ジュースの重さは
(ジュース1本の重さ)×(1ダース)
でもとめます。1ダース＝12本 です。

17 小　数

標準クラス　p.82〜83

1 (1)2.8　(2)2　(3)2.3
(4)0.3　(5)81.4

2 (1)0.2　(2)15.7
(3)0.1　(4)1.5
(5)1.6　(6)0.5

3 (1)6.7，6.8，6.9，7.2
(2)5.1，4.8，4.7

4 (1)>　(2)<

5 ウ→イ→ア

6 イ→ア→ウ

7 (1)0.5 m　(2)0.5 m　(3)0.2 m

8 (1)ウ　(2)ウ

とき方

1 (2)10倍すると位が1つ上がるので，小数点は右へ1つ動きます。
0.2
(3)10でわると位が1つ下がるので，小数点は左へ1つ動きます。
2 3.

2 かさ，長さ，時間を小数で表す問題です。
(1)10 dL＝1 L なので，2 dL＝0.2 L
(3)1000 m＝1 km なので，100 m＝0.1 km
(6)1時間＝60分 なので，30分は1時間の半分です。
したがって，30分＝0.5時間
それぞれのたんいのかん係をふく習して，問題に取り組みましょう。

3 数が2つならんでいる部分から，いくつおきになっているかを考えます。(1)，(2)ともに0.1ずつ大きくなったり，小さくなったりしていることがわかります。

4 5 6 重さ，かさ，長さそれぞれのたんいのかん係をおさらいしましょう。くらべづらいときは，たんいをそろえてくらべるとわかりやすくなります。

7 それぞれ1mを何等分しているかを考えて，その1こ分を小数で答えます。(2)は全体の長さが2mなので，注意しましょう。

8 毎日の生活の体けんから，それぞれどのくらいの道のりや長さになるかを考えてみましょう。

ハイクラス　p.84〜85

1 (1)0.6，1，1.2
(2)0.6，1.2，2.1
(3)9.5，9.1，8.3

2 (1)0.8　(2)200
(3)5，600　(4)8.5
(5)1700　(6)9.1
(7)900　(8)9800
(9)67.7　(10)1430

3 (1)ア→ウ→イ
(2)ウ→イ→ア
(3)ア→ウ→イ

4 99　100
99.1　99.9　100.8　101.3　102
101

5 (1)241.2　(2)297　(3)40　(4)9.9
(5)4

6 イ，ウ

とき方

1 標準クラスの**3**と同じように，小数がどんな間かくでならんでいるかを考えましょう。(3)は，小数と小数の間にある一の数から，0.4ずつ小さくなっていることがわかります。

2 3 たんいのかん係をふく習しましょう。くり返し，練習することで，身につきます。

4 数直線のいちばん小さい1めもりが表している小数を考えて，答えましょう。数直線は，右にいくほど数は大きくなります。

5 6 小数のしくみについての問題です。小数は0.1の何こ分かで考えます。

18 小数のたし算とひき算

標準クラス　p.86〜87

1 (1)0.7　(2)1　(3)5.1　(4)3.2
(5)7.3　(6)5　(7)9.6　(8)13.2
(9)0.6　(10)0.8　(11)4.2　(12)4.3
(13)3.9　(14)2.9　(15)3.7　(16)3.3

2 (式)2.9+3.4=6.3　(答え) 6.3 L

3 (式)7.3−2.5=4.8　(答え) 4.8 m

4 (式)0.3+2.7=3　(答え) 3 L

5 (式) 2.9+0.5=3.4　　(答え) 3.4 dL

6 (式) 8.4−7.6=0.8　　(答え) 0.8 m

とき方

1 小数のたし算とひき算の計算です。筆算(ひっさん)するときは，整数(せいすう)と同じように位(くらい)をそろえて計算します。答えの小数点のつけわすれに注意(ちゅうい)しましょう。

$$\text{(3)}\ \begin{array}{r} 3.3 \\ +1.8 \\ \hline 5.1 \end{array} \qquad \text{(7)}\ \begin{array}{r} 7 \\ +2.6 \\ \hline 9.6 \end{array}$$

$$\text{(11)}\ \begin{array}{r} 5.8 \\ -1.6 \\ \hline 4.2 \end{array} \qquad \text{(15)}\ \begin{array}{r} 4.0 \\ -0.3 \\ \hline 3.7 \end{array}$$

ハイクラス　p.88〜89

1 (1) 24.6　(2) 16.4　(3) 74.8　(4) 97.7
(5) 25.4　(6) 0.3　(7) 46.1　(8) 54.6

2 (1) 7.6　(2) 12.4　(3) 23　(4) 3.8
(5) 0.1　(6) 0.4

3 (式) 2.8+1.3=4.1　　(答え) 4.1 m

4 (式) 37.4−31.8=5.6　　(答え) 5.6 kg

5 (式) 8.6−4.7+5.3=9.2　　(答え) 9.2 L

6 (式) 2.8+2.2+4.3=9.3　　(答え) 9.3 dL

7 (式) 2−0.5−0.8=0.7　　(答え) 0.7 L

とき方

1

$$\text{(1)}\ \begin{array}{r} 23.1 \\ +\ \ 1.5 \\ \hline 24.6 \end{array} \qquad \text{(2)}\ \begin{array}{r} 4.8 \\ +11.6 \\ \hline 16.4 \end{array}$$

$$\text{(5)}\ \begin{array}{r} 37.8 \\ -12.4 \\ \hline 25.4 \end{array} \qquad \text{(6)}\ \begin{array}{r} 27.9 \\ -27.6 \\ \hline 0.3 \end{array}$$

2 3つの小数のたし算とひき算の計算です。たす数やひく数がふえても，前からじゅんに**1**と同じように計算できます。

3 たし算になります。答えのたんいは m なので，130 cm=1.3 m とたんいを m にそろえて計算しましょう。

5 もとめる式は，ひき算とたし算がまじった式になります。まず，ひき算をして，それから，たし算をします。式を2つに分けて計算してもかまいません。

19 分　数

標準クラス　p.90〜91

1 (1) $\frac{1}{4}$　(2) $\frac{1}{2}$　(3) $\frac{3}{5}$　(4) $\frac{2}{3}$　(5) $\frac{5}{6}$
(6) $\frac{4}{4}$(1)

2 (1) $\frac{5}{12}$　(2) $\frac{6}{16}\left(\frac{3}{8}\right)$　(3) $\frac{2}{4}\left(\frac{1}{2}\right)$

3 $\frac{1}{8}$(8分の1)

4 (1) $\frac{1}{7}$　(2) 8　(3) $\frac{2}{3}$　(4) $\frac{8}{13}$

5 (1) >　(2) <　(3) >
(4) <　(5) <　(6) >

6 $1 \to \frac{13}{18} \to \frac{7}{18}$

とき方

1 (1) 2 m が8等分されているので，1 m は4等分されています。1 m を4等分した1こ分の長さなので，$\frac{1}{4}$ m です。
(2) 2 L が4等分されているので，1 L は2等分されています。1 L を2等分した1こ分のかさなので，$\frac{1}{2}$ L です。

2 図形を使(つか)った問題(もんだい)ですが，全体(ぜんたい)を1として，同じ大きさに何こ分けられていて，その何こ分になっているかを考えましょう。

3 ㋑の紙を広げると，次(つぎ)のようにおり目がついています。

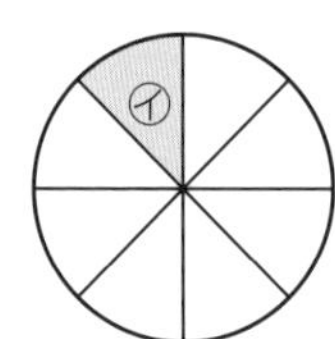

5 分数では，同じ分母なら分子が大きいほど，数も大きくなります。
(5)，(6)は，1を分母が同じ分数になおしてくらべましょう。

ハイクラス　p.92〜93

1 (1) <　(2) >　(3) <　(4) >

2 $\frac{2}{13}$

3 $\frac{2}{10} \to 0.5 \to \frac{5}{9}$

4 (1) 61　(2) 2.1　(3) 12　(4) 15

5 (1) (左から) $\frac{\boxed{2}}{9}$，$\frac{\boxed{4}}{\boxed{9}}$，$\frac{10}{\boxed{9}}$，$\frac{12}{\boxed{9}}$
(2) (左から) $\frac{1}{\boxed{18}}$，$\frac{1}{\boxed{15}}$，$\frac{\boxed{1}}{\boxed{6}}$，$\frac{\boxed{1}}{3}$

6 (1)3　(2)6　(3)$\frac{7}{10}$　(4)100

(5)500　(6)$\frac{7}{10}$

7 (1)100　(2)60　(3)36　(4)10

とき方

1 分数の大きさは，分母が同じとき，分子が大きい方が大きくなります。分母がちがうときは，分子が同じなら，分母が小さい方が大きくなります。

(4) 1.1 を分数になおして $\frac{11}{10}$ として，くらべましょう。

3 $0.5=\frac{5}{10}$ なので，$\frac{5}{10}>\frac{2}{10}$，$\frac{5}{10}<\frac{5}{9}$

したがって，$\frac{2}{10}<0.5<\frac{5}{9}$

4 標準クラスの**4**と同じように，分数のしくみを考えて，ときましょう。

5 (1)分母が同じ分数がならんでいます。分子を見ると，2ずつふえていることがわかります。

(2)分子が同じ1の分数です。分母は右にいくにしたがって，3ずつ小さくなっています。

6 分数や整数(せいすう)で表(あらわ)された数を，たんいをかえて表す問題です。

(1)分数で表されている数は，小数になおして考えると，わかりやすくなります。

$\frac{3}{10}$ L=0.3 L=3 dL

(3) 7 mm=0.7 cm=$\frac{7}{10}$ cm

(4) $\frac{1}{10}$ km=0.1 km=100 m

7 分数の意味(いみ)を考えて，答えましょう。たとえば，(1)は500円を5等分した1こ分の金がくなので，500÷5=100(円) です。ほかの問題も同じようにして，考えましょう。

(3) $\frac{1}{6}$ が6Lなので，もとのかさは，

6×6=36(L)

(4) 1時間=60分 なので，60÷6=10(分)

20 分数のたし算とひき算

標準クラス

p.94〜95

1 (1)1　(2)$\frac{2}{5}$　(3)1　(4)$\frac{5}{6}$

(5)$\frac{6}{7}$　(6)$\frac{9}{10}$　(7)1　(8)1

(9)$\frac{1}{4}$　(10)$\frac{2}{6}$　(11)$\frac{2}{7}$　(12)$\frac{2}{8}$

(13)$\frac{1}{9}$　(14)$\frac{7}{10}$　(15)$\frac{6}{8}$　(16)$\frac{4}{5}$

2 (式(しき))$\frac{1}{5}+\frac{3}{5}=\frac{4}{5}$　(答え) $\frac{4}{5}$ kg

3 (式)$\frac{6}{7}-\frac{5}{7}=\frac{1}{7}$　(答え) $\frac{1}{7}$ m

4 (式)$\frac{2}{10}+\frac{7}{10}=\frac{9}{10}$　(答え) $\frac{9}{10}$ L

5 (式)$\frac{2}{9}+\frac{5}{9}=\frac{7}{9}$　(答え) $\frac{7}{9}$ L

6 (式)$1-\frac{3}{8}=\frac{5}{8}$　(答え) $\frac{5}{8}$ まい

とき方

1 分数のたし算とひき算です。

(1)答えの分母と分子が同じ数になったら，1になります。

$\frac{1}{2}+\frac{1}{2}=\frac{2}{2}=1$

(15) 1は $\frac{2}{8}$ に分母をそろえて，$\frac{8}{8}$ にします。

$1-\frac{2}{8}=\frac{8}{8}-\frac{2}{8}=\frac{6}{8}$

ハイクラス

p.96〜97

1 (1)$\frac{7}{9}$　(2)$\frac{11}{10}$　(3)1　(4)1

(5)$\frac{1}{5}$　(6)0　(7)$\frac{5}{10}$　(8)$\frac{1}{9}$

2 (1)$\frac{4}{10}$(0.4)　(2)$\frac{6}{10}$(0.6)　(3)$\frac{6}{10}$(0.6)

(4)$\frac{6}{10}$(0.6)　(5)$\frac{2}{10}$(0.2)　(6)$\frac{7}{10}$(0.7)

3 (式)$\frac{7}{10}+\frac{2}{10}+\frac{4}{10}=\frac{13}{10}$　(答え) $\frac{13}{10}$ m

4 (式)$1.2=\frac{12}{10}$　$\frac{12}{10}-\frac{8}{10}=\frac{4}{10}$

(答え) $\frac{4}{10}$ km

5 (式)$\frac{9}{12}-\frac{4}{12}+\frac{7}{12}=\frac{12}{12}=1$　(答え) 1 L

6 (式)$\frac{9}{7}-\frac{2}{7}-\frac{4}{7}=\frac{3}{7}$　(答え) $\frac{3}{7}$ dL

7 (式)$\frac{7}{8}-\frac{3}{8}+\frac{4}{8}=\frac{8}{8}=1$　(答え) 1 L

とき方

1 分数や整数のまじった3つの数のたし算とひき算

の計算です。整数がまじっているときは，分数と同じ分母の分数にして，計算します。

2 分数と小数のまじったたし算とひき算です。分数か小数の計算しやすい方にそろえて，計算しましょう。

4 分数のひき算の文章題です。$1.2=\frac{12}{10}$ として，ひき算しましょう。

5 分数のひき算とたし算がまじった計算になります。たす数は，$\frac{7}{12}$ です。ひき算する数とたし算する数をまちがえないようにしましょう。

6 3つの分数のひき算になる文章題です。問題文に出てくる分数をじゅんにひき算していけば，もとめられます。

7 **5**と同じような，分数のひき算とたし算がまじった計算になります。まちがえそうなときは，ひき算とたし算を2つの式に分けく，計算しましょう。

チャレンジテスト⑨

p.98～99

① (1)0.6 (2)0.7 (3)3.9 (4)2.5
(5)0.8 (6)16.2 (7)9400 (8)73.6

② (1)**エ→イ→ア→ウ**
(2)**エ→イ→ア→ウ**
(3)**エ→ウ→イ→ア**

③ (1)1.2 (2)2.4 (3)3.9 (4)0.4
(5)0.6 (6)0.1 (7)15.5 (8)8.8

④ **わけ…(れい)上の位から1くり下げてひき算しているのに，5から1ひかずに，5−2=3としているから。**
(答え) 2.4

⑤ (式) 5+5=10
10 cm=0.1 m
1.3+1.8+0.9−0.1=3.9
(答え) 3.9 m

とき方

① 長さ，重さ，かさのたんいをかえて，小数で表したり，整数で表したりする問題です。長さ，重さ，かさのそれぞれのたんいのかん係をふく習しておきましょう。

② いろいろなたんいで表された長さをくらべる問題です。むずかしければ，いちばん小さいたんいになおしてから，大きさをくらべましょう。

③ 小数の3つの数のたし算とひき算の計算問題です。筆算するときは，小数点のいちをたてにそろえて，答えの小数点のいちにも注意して計算しましょう。

④ 小数のひき算の筆算で，ひとつ上の位から1くり下げてひき算するときに，くり下げた1をひくのをわすれる計算ミスです。たし算のときのくり上がりも，わすれないようにして，計算しましょう。

⑤ 小数のたし算，ひき算の文章題です。赤，青，緑の3本のリボンを，のりしろを5 cmにしてつないだときの全体の長さをもとめます。
3本のリボンをのりしろでつなぐので，つなぎ目は2つできます。つなぎ目は5 cm重ねるので，2つで，5+5=10(cm) になります。このつなぎ目の長さを，3本のリボンの長さをたした長さからひけば，つないだリボンの長さがもとめられます。計算するときは，つなぎ目の長さのたんいはcmなので，mにそろえてから計算しましょう。

チャレンジテスト⑩

p.100～101

① (1)＞ (2)＝ (3)＞ (4)＜
(5)＞ (6)＜ (7)=, ＞ (8)＜, ＜

② (1)5.4 (2)16 (3)0.5 (4)7.6
(5)$\frac{4}{5}$ (6)$\frac{4}{10}$ (7)$\frac{5}{13}$ (8)$\frac{3}{10}$(0.3)

③ (1)0 (2)$\frac{9}{10}$(0.9) (3)$\frac{13}{8}$ (4)$\frac{25}{14}$
(5)$\frac{1}{17}$ (6)$\frac{5}{16}$ (7)$\frac{2}{10}$(0.2) (8)1

④ **わけ…(れい)同じ分母の分数のたし算をするときは，分母はそのままにして，分子どうしをたすのに，分母もたして6にしているから。**
(答え) 1

⑤ (式) $0.5\ \text{m}=\frac{5}{10}\ \text{m}$　$10\ \text{cm}=0.1\ \text{m}=\frac{1}{10}\ \text{m}$
$40\ \text{cm}=0.4\ \text{m}=\frac{4}{10}\ \text{m}$
$\frac{3}{10}-\frac{1}{10}=\frac{2}{10}$
$\frac{5}{10}-\frac{4}{10}=\frac{1}{10}$
$\frac{2}{10}-\frac{1}{10}=\frac{1}{10}$
(答え) **のぞみさんが $\frac{1}{10}$ m 長い。**

とき方

① 整数と分数や，小数と分数，分数どうしの大小をくらべる問題です。整数と分数をくらべるときは，整数を分数と同じ分母の分数になおしてくらべま

す。小数と分数をくらべるときは，小数か同じ分母の分数にそろえて，くらべます。分子が同じ分数の大きさは，分母の数が小さい方が大きくなります。

(2) 小数のたし算とひき算や，分数のたし算とひき算，小数と分数と整数のまじった式の，□の数をもとめる計算問題です。小数，分数，整数のまじった計算では，小数か分数にそろえてから，計算しましょう。□を使った式のときと同じように考えて，もとめましょう。

(5) 分数や小数，ちがうたんいで表された長さのひき算の文章題です。分数か小数にそろえ，たんいのちがう長さはたんいをそろえて計算しましょう。のぞみさんとみくさんの持っているテープの長さから，それぞれ使った長さをひき，そのひき算の答えどうしをひき算して，長さのちがいをもとめます。

21 ぼうグラフと表

標準クラス

p.102～103

1 (1)10 cm　(2)お父さんで 170 cm
(3)150 cm　(4)30 cm

2 (1)45 人　(2)30 人　(3)40 人　(4)15 人

3 (1)①2 L　②10 人　③50 円
(2)①16 L　②90 人　③250 円

4 (1)かし出した本の数　(2)さつ
(3)下の図
(4)68 さつ

(さつ)　(かし出した本の数)

20
10
0
物語　図かん　でん記　絵本　その他

とき方

1 あきらさんの家族の身長を表したぼうグラフの見方についての問題です。ぼうグラフのたてじくは身長(cm)で，横じくは人です。ぼうグラフのたてじくは，0 から 20 まで，20 から 40 まで…というように 20 cm きざみになっています。20 cm の間が 2 目もりになっているので，1 目もりは，10 cm を表すことがわかります。

ふつう，ぼうグラフは，大きいものからじゅんに左からかいていきます。ぼうグラフから，それぞれの人の身長のちがいなどをくらべられるようにしましょう。

2 1 目もりが 5 人を表していて，1 目もりが表す大きさは，どれも同じです。それぞれのぼうグラフが何目もり分かを調べて，答えましょう。

3 1 目もりがいろいろな大きさを表している 3 つのぼうグラフを見て，答える問題です。**1**のときと同じように，たてじくの 0 から 10，10 から 20 までの間にいくつ目もりがあるかで，1 目もりの大きさがわかります。③のぼうグラフのように，1 目もりが 50 を表すぼうグラフや，ほかにも，1 目もりが 2 や 5，20 などを表しているぼうグラフもあります。いろいろなぼうグラフを調べてみましょう。

4 図書室が 1 週間にかし出した本の数を調べて整理した表をもとにして，これをぼうグラフに表します。ぼうグラフには，何のぼうグラフかわかるように，ぼうグラフの上に表題を書きます。また，それぞれの大きさがくらべられるように，たてじくの上に，そのたんいも書きます。

ハイクラス

p.104～105

1 (1)㋐8　㋑9　㋒3　㋓20
(2) 4 人　(3)男子　(4) 1 組　(5)44 人

2

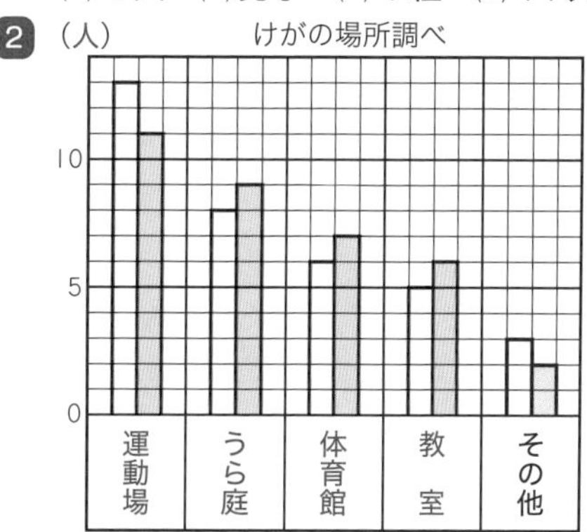

3 (1) 8 人　(2) 3 人　(3) 6 人　(4)ノート
(5)30 人

4 (1) 6 月で 20 日間　(2) 2 倍

とき方

1 3 年生で虫歯のある人の数を組ごとにそれぞれ調べてまとめた表についての問題です。

(1)表の㋐には，１組の男子の虫歯がある人の人数が入るので，１組の男子・女子の合計からもとめます。

14−6=8(人)

㋑から㋓も同じように，それぞれの組の虫歯の人の人数を見て，もとめましょう。

(3)それぞれの組の男子と女子の人数をくらべるときも，表をたてに見ていきます。

2 小学校で，けがをした人が何人いるかを，場所ごとにまとめた表を見て，それをぼうグラフに表す問題です。これまでと同じように，１目もりが表している数を調べて，ぼうグラフにしていきます。このぼうグラフでは，けがをした場所べつに，１組と２組の人数をならべてかくので，同じ場所でけがをした人が多いか少ないかなど，それぞれの組のとくちょうがよくわかります。

3 あるクラスの１週間のわすれ物の数を調べてまとめた表を見て，考える問題です。まず，横のわすれ物べつ，たての曜日べつの合計の数から書いていきましょう。**1**のときと同じように，表のたてとよこの数がそれぞれ何の数を表しているか，表をよく見て，読み取れるようにしておきましょう。

4 月べつの雨の日数を表したぼうグラフを見て，考える問題です。グラフの１目もりの表す数を調べて，それぞれの月のとくちょうをつかみましょう。

(2)６月は10目もり，４月は５目もりなので，

10÷5=2(倍)

22 円と球

標準クラス
p.106〜107

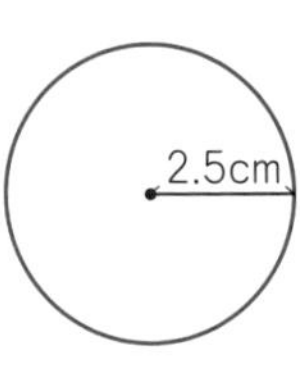

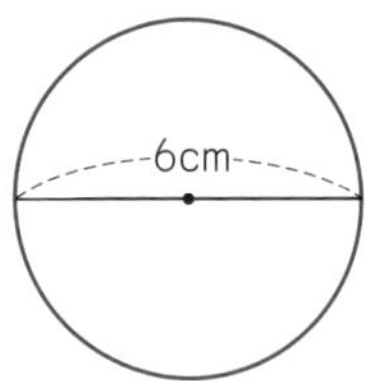

2 ア

3 (式) 24÷2=12　12×3=36　(答え) 36 cm

4 (式) 8÷2=4　(答え) 4 cm

5 (式) 18×2÷3=12　(答え) 12 cm

6 (1)ア

(2)ア

とき方

1 コンパスを使って円をかくときは，中心にさすはりが動かないようにして，かきましょう。

2 コンパスは，円をかくときに使うだけでなく，これからはいろいろなことに使います。**ア**と**イ**のそれぞれの直線部分のはしからはしまでをコンパスではかり取って直線に写すと，次の図のようになります。

アのまわりの長さ

イの長さ

3 １つの円でその半径は，それぞれどこでも等しくなっています。その円のせいしつを使って，答える問題です。

２つの円の直径は24 cmなので，同じ大きさの円になります。その２つの円がおたがいの円の中心を通って，交わっていることから，三角形㋐の３つの辺は，それぞれ２つの円のどちらかの半径になっていることがわかります。したがって，㋐は３つの辺の長さが等しい正三角形です。

このことをもとにして，式を立てましょう。

4 図をよく見ると，半径８cmの大きい円の中に，小さい円が２つ重ならずにぴったりと入っていることがわかります。大きい円の半径と小さい円の直径が等しいことから考えます。

5 大きい円の中に，小さい円が重ならずにぴったりと入っています。小さい円の直径３つ分が大きい円の直径と等しいことから考えます。

6 球はどこから見ても円の形をしています。また，どこを切っても切り口は円の形をしています。

ハイクラス
p.108〜109

1 (式) 3×2=6　6×5=30　(答え) 30 cm

2 (式) 5×3=15　15×2=30　(答え) 30 cm

3 (1)(式) 36÷3=12　12÷6=2　2×2=4　(答え) 4 cm

(2)(式) 4×4=16　16×3=48　(答え) 48 cm

4 (式) 21÷3=7　7×2=14　14×6=84　(答え) 84 cm

5 (式) 4×2=8　32÷8=4　24÷8=3　4×3=12　(答え) 12 こ

6 (式) 6×2=12　2×2=4　12+4=16　(答え) 16 cm

7 (1)4こ　(2)8こ

とき方

1 標準クラス の**5**と同じように，いくつかの円が重ならずにぴったりとつながっている問題です。ここでも，同じ大きさの円が重ならずにつながっていることが，問題を考えるヒントになります。アイ，イウ，ウエ，エオ，オアは，それぞれ同じ半径の円の中心から中心までを通っていて，円の半径は 3 cm なので，
アイ＝イウ＝ウエ＝エオ＝オア＝3×2＝6(cm)
となることがわかります。したがって，円の半径の2倍の 6 cm の5倍(または，3 cm の 10 倍)であることがわかります。

2 下の図のように直線をひくと，大きい円の半径は小さい円の半径の3倍になっていることがわかります。

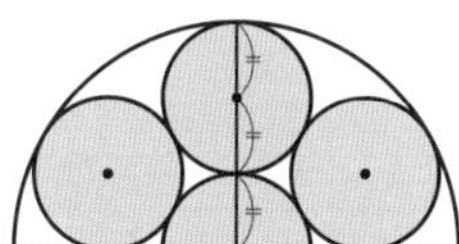

3 この問題も，**1**や**2**の問題と考え方は同じです。

(1)この三角形は3つの辺が，それぞれ同じ大きさの円の半径の6つ分になっているので，正三角形になります。この正三角形のまわりの長さは 36 cm なので，36÷3＝12(cm) が1辺の長さになります。その1辺の長さは，円の半径の6つ分なので，半径は，12÷6＝2(cm) で，直径は，2×2＝4(cm) となります。または，12 cm は円の半径の6つ分より，6÷2＝3 で，直径の3つ分になり，直径は，12÷3＝4(cm) とすれば，少し計算の手間をはぶくことができます。

(2)(1)と同じように，この三角形も正三角形で，1辺の長さは，円が1つふえた分，半径の 6+2＝8(つ分) で直径の4つ分になることがわかります。したがって，この正三角形のまわりの長さは，(1)でもとめた円の直径から，4×4×3＝48(cm) になります。

4 **1**から**3**の問題と考え方は同じです。この問題も，まず小さい円の半径や直径をもとめることから始めます。小さい円のうち，真ん中の円の中心とまわりの円の中心を通る直線をひいてみると，大きい円の半径は小さい円の半径の3倍になっていることがわかります。大きい円の半径は 21 cm なので，小さい円の半径は，21÷3＝7(cm) になり，直径は 7×2＝14(cm) になります。問題の図より，6つの小さい円の中心をむすんでできる図形のまわりの長さは，小さい円の半径の 12 こ分で，直径の 12÷2＝6(こ分) の長さになります。したがって，もとめる図形のまわりの長さは，14×6＝84(cm) になります。

5 半径 4 cm のボールの直径は，4×2＝8(cm) です。このボールを問題の図のような，たて 24 cm，横 32 cm，高さ 8 cm の箱にすき間なく入れるので，たて，横の長さをそれぞれ8でわれば，たてと横にならぶボールの数がわかります。高さは 8 cm なので，1だんにならぶことがわかります。したがって，たてと横にならぶボールの数をわり算でもとめて，それをかければ，この箱に入るボールの数がわかります。

6 次の図のように，問題の図の大きい円の中に，それぞれ半径 6 cm と 2 cm の2つの円があると考えると，いちばん大きい円の直径は，半径 6 cm と 2 cm の円の直径をたした長さだとわかります。

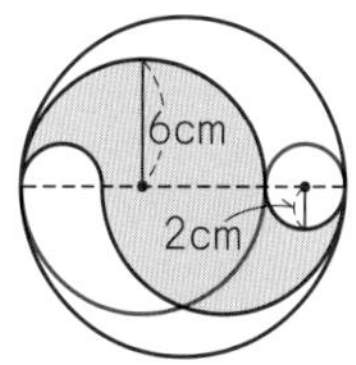

7 次の図のように，(1)には4こ，(2)には8こあります。

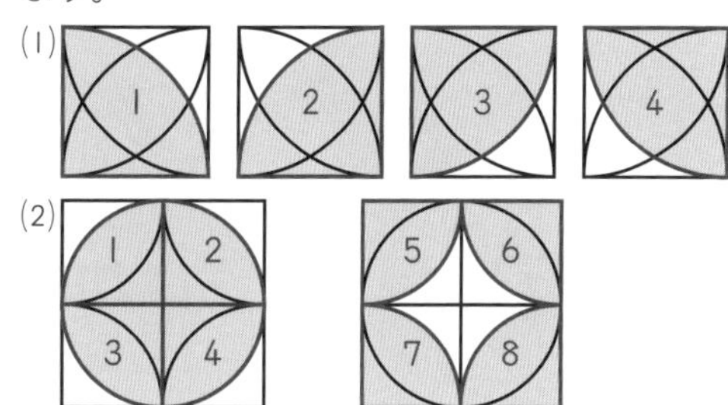

23 三角形

標準クラス p.110〜111

1 ウ，エ，オ

2 エ，カ

3 (1)ア　(2)ウ

4 9まい

5 (1)

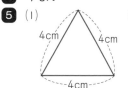

4cm　4cm　4cm

(2)

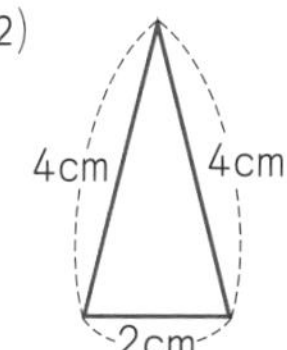

6 (れい)

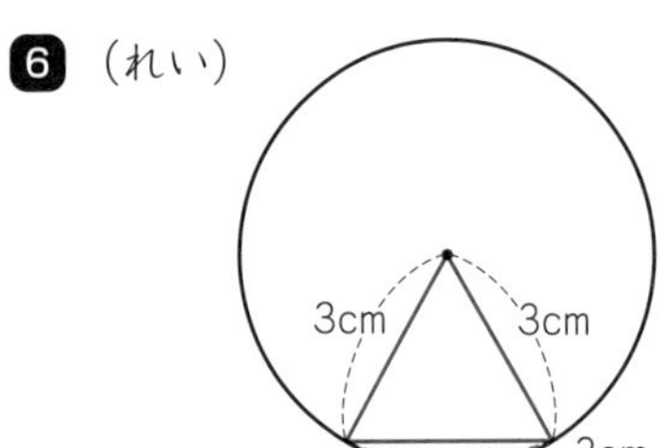

とき方

1 二等辺三角形は，3つの辺のうち，2つの辺の長さが等しい三角形です。コンパスを使って，それぞれの辺の長さを調べて答えましょう。

2 正三角形は3つの辺の長さが等しい三角形です。コンパスを使って，それぞれの辺の長さを調べて答えましょう。

3 正三角形や二等辺三角形のせいしつをもとにしてときましょう。正三角形は3つの角の大きさが等しく，二等辺三角形は2つの角の大きさが等しくなっています。

4 1辺が2 cmの正三角形㋐を使って，1辺が6 cmの正三角形㋑をつくると，次の図のようになります。正三角形㋑の1辺は正三角形㋐の1辺の6÷2=3(つ分) です。

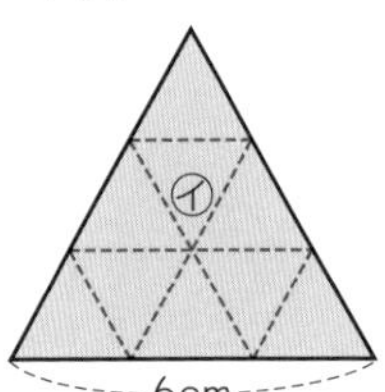

ハイクラス

p.112~113

1 (1)× (2)○ (3)×

2 (1)直角三角形 (2)正三角形
(3)直角二等辺三角形(直角三角形)(二等辺三角形)
(4)正三角形
(5)直角二等辺三角形(直角三角形)(二等辺三角形)
(6)二等辺三角形

3 (1)二等辺三角形 (2)正三角形

4 (1)名前…正三角形
わけ…(れい)三角形の1辺は，どれも円の半径5 cmの2つ分の長さになっているから。
(2)30 cm

5 (1)9こ (2)3こ (3)1こ

とき方

2 直角のある二等辺三角形を直角二等辺三角形といいます。

3 切って広げると，次の図のようになります。

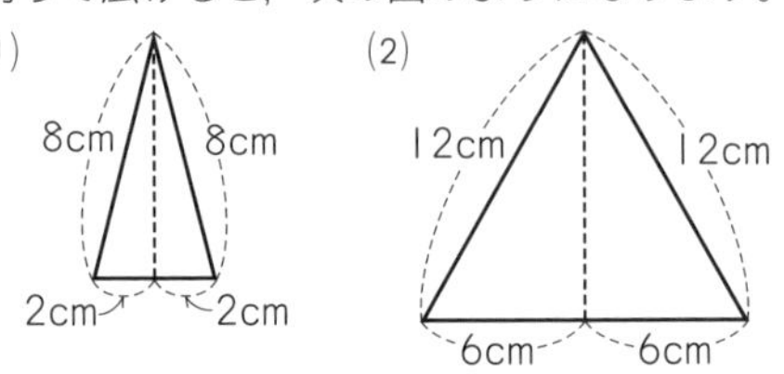

4 (2)(1)より，この正三角形の1辺の長さは，5 cmの2つ分なので10 cmです。その3倍の長さが，この三角形のまわりの長さになります。

チャレンジテスト⑪

p.114~115

1 (1)50円 (2)下の図
(3)トンカツ，天ぷらうどん

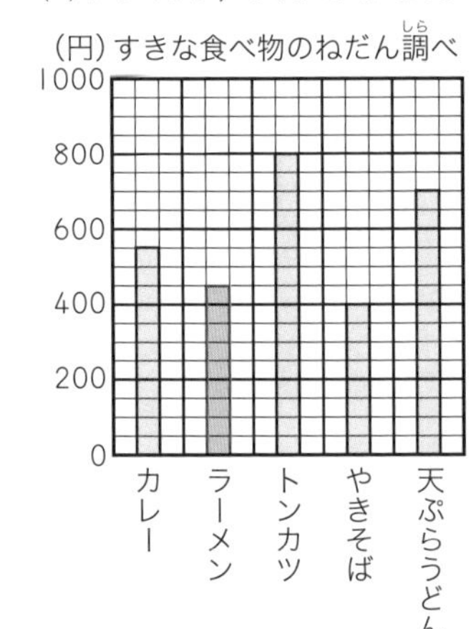

2 (式)5+1=6 5×6=30 (答え) 30 cm

3 (式)23×6=138 (答え) 138 cm

4 (1)月曜日で180人 (2)2倍

5 (1)7 cm
(2)(れい)

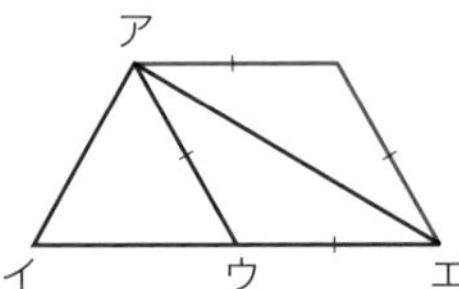

とき方

1 (1)ぼうグラフの1目もりが表している数を考えます。0から200までに目もりが4つあることから，1目もりは50(円)であることがわかります。

2 アイは，半径の(5+1)倍になります。

3 1辺の長さが23 cmの正三角形なので，その正三角形2つのまわりの長さは，23×6でもとめられます。

4 ある学校の図書室をりようした人数を表したぼうグラフを読み取る問題です。

(1) | 目もりが表す数は，20 人です。

⑤ (1)三角形アイウは正三角形で，｜辺の長さは 7 cm です。三角形アウエは，この正三角形のアウを等しい 2 辺のうちの｜辺とする二等辺三角形なので，ウエの長さは，正三角形アイウの｜辺の長さと同じになります。

(2)二等辺三角形アウエと同じ二等辺三角形をかくので，アウエの辺アエを｜辺として，正三角形アイウの｜辺または辺ウエをコンパスで写し取って等しい 2 辺とすれば，二等辺三角形アウエと同じ二等辺三角形をかくことができます。

チャレンジテスト⑫

p.116～117

① (1)

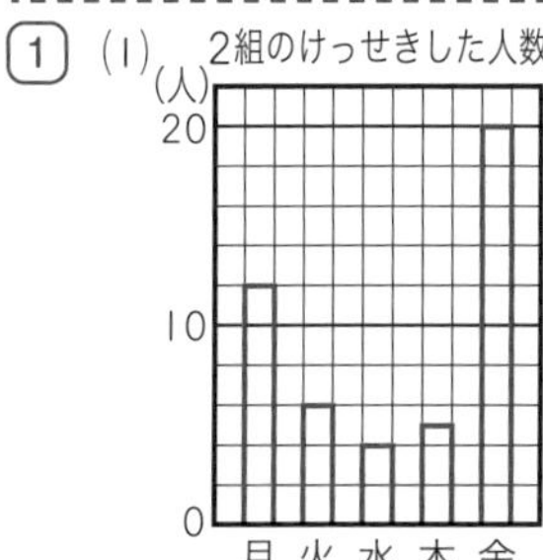

(2)

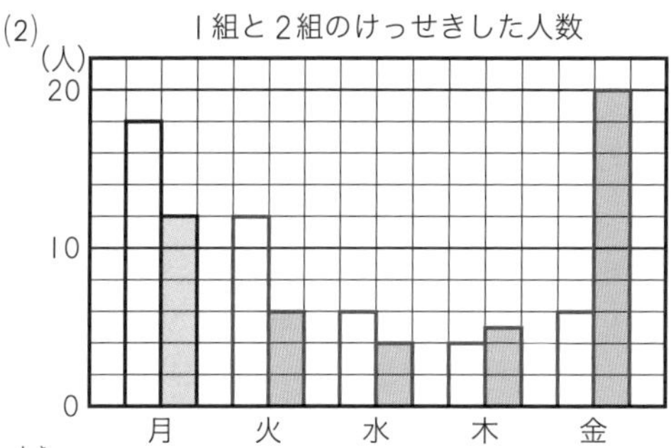

② (式) 3×2×4=24

(答え) 24 cm

③ (式) 44÷2=22　22÷3=7 あまり｜

(答え) 赤色

④ (1)ア，エ　(2)記号…イ，名前…直角三角形

⑤ (1)二等辺三角形　(2)正三角形

(3)二等辺三角形

とき方

① (1)ぼうグラフのたてじくの｜目もりは，2 人です。2 組のけっせきした人数をまとめた表を見て，曜日ごとにぼうグラフに表しましょう。

(2)｜組と 2 組のけっせきした人数をならべて，ぼうグラフに表すと，それぞれの組の曜日ごとのけっせきした人数がくらべられるので，それぞれの組のけっせきした人数の曜日ごとのとくちょうや，ちがうところ，同じところがよくわかります。

② 正方形の中にぴったりと入っている円の半径が 3 cm なので，その直径をもとめれば，正方形の｜辺の長さがわかります。正方形のまわりの長さをもとめるので，｜辺の長さを 4 倍すればもとめることができます。

③ 直径 2 cm の球の形をしたあめを，高さが 44 cm のつつに入れていくので，44÷2=22 から，あめは 22 こ入れることができます。22÷3=7 あまり｜ なので，赤色，青色，黄色のあめが 7 こずつ入り，その後じゅん番のさいしょのあめが｜こ入ることになるので，さいごのあめは赤色だとわかります。

④ (1)三角形を半分におって，きちんと重なるのは，2 つの辺の長さが等しい二等辺三角形の**ア**と，3 つの辺の長さが等しい正三角形の**エ**です。

(2)同じ三角形を 2 まいくっつけると，二等辺三角形になるのは直角三角形の**イ**です。辺の長さが 3 cm，4 cm，5 cm の三角形は，下の図のような直角三角形になります。

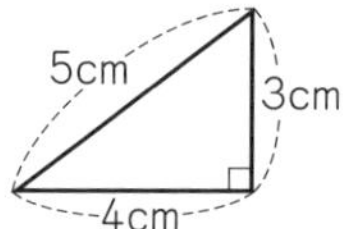

⑤ (1)｜つの辺が 3 cm+3 cm=6 cm で，あとの 2 つの辺は同じ長さになるので，できる三角形は，二等辺三角形です。

(2) 3 つの辺が 4 cm+4 cm=8 cm，8 cm，8 cm になり，3 つの辺の長さが等しくなるので，できる三角形は，正三角形です。

(3)｜つの辺が 5 cm+5 cm=10 cm で，あとの 2 つの辺は同じ長さになるので，できる三角形は，二等辺三角形です。実さいに紙を問題の図のように切り開いて，たしかめてみましょう。

24 いろいろな問題 ①

標準クラス

p.118～119

❶ 2070 円
❷ 9 はい分
❸ 140 cm
❹ 165 まい
❺ 21050 円
❻ 3175
❼ 33 km 600 m

❽ 20組

とき方

❶ 160×7+950=2070(円)

❷ 3×15=45(dL)　45÷5=9(はい分)

❸ 身長137cmのゆう子さんが35cmのいすの上に立つと，高さは 137+35=172(cm) です。50cmの高さの台の上に立ったさち子さんより，ゆう子さんは，18cmひくくなるので，さち子さんの身長は，ゆう子さんの身長＋いすの高さ＋18cmから，さち子さんが立った台の高さ50cmをひけば，もとめられます。
137+35+18−50=140(cm)
むずかしければ，図にかいて考えてみましょう。

❹ 1円玉だけの重さをもとめるために，全体の重さ1kg35gから，ちょ金箱だけの重さ870gをひきます。1円玉1まいの重さは1gなので，のこりの重さがそのまま1円玉のまい数になります。

❺ 動物園に行く全員の人数は38人で，そのうち子どもは25人です。のこりの 38−25=13(人) が大人の人数になります。あとは，大人のさんかひ850円と子どものさんかひ400円にそれぞれの人数をかけてたせば，38人全員のさんかひがもとめられます。

❻ 635×408の答えが正しい答えなので，それから，635×403の答えをひけば，ちがいがいくつになるかもとめられます。
かけ算では，かける数が1ふえると，答えはかけられる数だけ大きくなります。かける数が 408−403=5 ふえているので，635×408 の答えは 635×403 の答えより，
635×5=3175 大きくなっています。

❼ 4週間は 7×4=28(日) です。
1200×28=33600(m)

❽ まず，35(人)×4(クラス)で，あきらさんの学校の3年生の人数をもとめます。1組7人ずつに分けるので，3年生の人数÷7で，7人の組が何組できるかもとめられます。

ハイクラス

p.120〜121

❶ (式)(2+3+4)×□=81　□=9
(答え) 9人

❷ (式)□×4+780=1580　□=200
(答え) 200円

❸ 1120円から1259円まで

❹ 8あまり4

❺ お兄さんが150円多い。

❻ 53kg800g

❼ (式)8×□=560　□=70　(答え) 70まい

❽ 76cm

とき方

❶ 1人分のこ数である 2+3+4(こ) を□人に配って，全部で81こになったことを式にすると，(2+3+4)×□=81 になります。
「13 □を使った式」で学習したことを思い出して，□をもとめます。9×□=81
□=81÷9=9 になります。

❷ □×4+780=1580
□×4=1580−780
□×4=800
□=800÷4
□=200

❸ けんたさんの持っているお金で，1さつ140円のノートを8さつまで買えるということは，少なくとも 140×8=1120(円) を持っていることになります。8さつまで買うことができて，9さつは買えないので，140×9=1260(円) にはたりないということです。したがって，持っているお金は，1120円から1259円の間ということになります。

❹ ある数を□として，式に表します。問題文より，□÷7=9 あまり5 になるので，あまりのあるわり算の答えのたしかめの式 (わられる数)=(わる数)×(わり算の答え)+(あまり) を使うと，□=7×9+5 より，□=68 です。あとは，68を8でわって，答えをもとめます。

❺ 2人の持っているお金から，それぞれ250円ひいて，のこったお金の多い方から，少ない方をひけば，もとめられます。
630−250=380(円)　480−250=230(円)
380−230=150(円)
べつのとき方　2人とも同じ金がくずつ出すので，のこったお金のちがいははじめとかわりません。
したがって，630−480=150(円)

❻ ゆうきさんの体重26kg500gをもとにして，ゆうきさんより4kg600g重い兄の体重と，3kg800g軽い弟の体重をもとめてたします。
兄 26500+4600=31100(g)
弟 26500−3800=22700(g)
31100+22700=53800(g)

❼ 画用紙1まいから8まいのカードをつくることができるので，画用紙のまい数を□まいとして，□を使った式に表すと，

8×□=560 になります。

8 箱の横にひもをかけてむすぶので，箱のたての長さは使いません。箱をむすぶひもの長さは，箱の横の長さと高さを合わせた長さの２倍とむすび目に使う 20 cm を合わせた長さになります。
(20+8)×2+20=76(cm)

25 いろいろな問題 ②

標準クラス　p.122〜123

1 1800 円
2 (式) □×7+230=1000
□=110
(答え) 110 円
3 3まい
4 550 ページ
5 $\frac{5}{7}$ L
6 $\frac{5}{9}$ m
7 1.8 L
8 2.9 kg
9 6885 円

とき方

1 ノート６さつとペン８本の代金をそれぞれもとめてから，それらを合わせた代金をもとめます。

2 ジュース１本のねだんを□円として，□を使った式に表すと，ジュース７本分の代金は □×7 円で，それにおつり 230 円をたして，
□×7+230=1000 となります。
□×7=1000−230
□×7=770
□=770÷7
□=110

3 おり紙を１人に６まいずつ配ると，ちょうど８人にあまることなく配ることができるので，おり紙の全部のまい数は，6×8=48(まい) になります。48 まいを９人に配るので，48÷9=5 あまり 3 となります。

4 きのうと今日読んだ本のページ数をたして，全部の本のページ数からひきます。
1100−(236+314)=550(ページ)

5 $\frac{2}{7}+\frac{3}{7}=\frac{5}{7}$(L)

6 $\frac{7}{9}-\frac{2}{9}=\frac{5}{9}$(m)

7 油のもとのかさから，きのうと今日使ったかさをたした数をひきます。
4−(1.4+0.8)=1.8(L)

8 3.2 kg から入れ物の重さをひいて，りんごの重さをもとめます。

9 ３つの数のかけ算になる文章題です。１こ 85 円の消しゴム３こ分の代金をもとめてから，それを 27 倍してもとめます。

ハイクラス　p.124〜125

1 (1) 110 円
(2) 295 円
2 7 kg 770 g
3 1700 円
4 6 cm
5 $\frac{1}{7}$ L
6 $\frac{3}{10}$ m
7 64953

とき方

1 (1) 135×14=1890(円)
2000−1890=110(円)
(2) 135×17=2295(円)
2295−2000=295(円)

2 １日に食べる米の重さ 370 g の３週間(21 日間)分をもとめます。たんいを g で計算したので，何 kg 何 g にするとき，位をまちがえないように注意しましょう。

3 プリンとケーキそれぞれ３こ分の代金の合計におつりの 95 円をたせば，出したお金がわかります。
(147+388)×3+95=1700(円)

4 4.6 cm の 10 倍は 46 cm なので，
52−46=6(cm)

5 このコップ１ぱいの水のかさは，７はいでちょうど１L になります。したがって，１L を７等分した１こ分なので，コップ１ぱい分の水は $\frac{1}{7}$ L になります。

6 整数，小数，分数がまじった文章題です。
分数で答えるので，整数と小数は分数になおして計算しましょう。
$1-0.4-\frac{3}{10}=\frac{10}{10}-\frac{4}{10}-\frac{3}{10}=\frac{3}{10}$(m)

7 0, 1, 3, 5, 7の5まいのカードをならべてできる，5けたのいちばん大きい数をつくるには，上の位(この場合，5けたの数なので，いちばん上の位は一万の位です)からじゅんに，大きい数をならべていきます。いちばん小さい数をつくるには，ぎゃくに，上の位からじゅんに小さい数をならべていきます(ただし，0はいちばん上の位におけないので，2番目に大きい位にならべます)。したがって，いちばん大きい数は75310で，いちばん小さい数は10357になります。答えは，2つの数のちがいなので，
75310−10357でもとめます。

26 いろいろな問題 ③

標準クラス p.126〜127

1 11本
2 16m
3 (1)1 (2)95
4 8本
5 白石
6 23こ
7 910m

とき方

1 植えるいちょうの木と木の間は，どこも2mで，はじめの木からさいごの木までの間がちょうど20mなので，20÷2=10がはしからはしまでの木の間の数になります。はしからはしまでに植えられている木の本数は，下の図のように，木と木の間の数より，1本多くなります。したがって，20mの間に植えられた木の本数は，
10+1=11(本) になります。

1 2 3 4 5 6 7 ← 木の数
1 2 3 4 5 6 ← 間の数

2 植えられた木の本数とその間の数のかん係は，**1**と同じなので，5−1=4が間の数になります。したがって，はじめの木から，さいごの木までのきょりは，4×4=16(m) になります。

> **ポイント** 木などを等しい間かくで植えていくとき，その間の数や植えるものの数，はしからはしまでのきょり，長さなどをもとめる問題を「植木算」といいます。植木算には，3つのパターン(植えられた木の本数とその間の数のかん係)が考えられます。
> パターン① 両はしに植えられた木もふくむ場合
> 木の本数=間の数+1
> パターン② 両はしに植えられた木をふくまない，両はしに植えない場合
> 木の本数=間の数−1
> パターン③ 池のまわりなど円形に植える場合
> 木の本数=間の数

3 数は，「8，6，4，1」の4つの数のくり返しでならんでいます。
(1)はじめから20番目にくる数をもとめるには，まず，4つの数が，20番目までに何回くり返しあらわれるかを調べます。20÷4=5 より，「8，6，4，1」が5回あらわれることがわかります。5回目のさいごの数が20番目の数です。4つの数のさいごにならぶのは1なので，20番目の数は1になります。
(2)(1)で，4つの数が20番目までに5回くり返しあらわれることがわかったので，はじめから20番目までにあらわれる数を全部たした数は，「8，6，4，1」の合計を5倍すればもとめられます。

4 2本の木と木の間が36mで，その間に4mおきにくいを打つときのくいの本数をもとめる(両はしの木はふくまない)ので，**ポイント**のパターン②にあたります。したがって，間のきょり36mを4mでわって，36÷4=9
間の数9から1ひいて，9−1=8(本) となり，くいは8本いります。

5 白石○と黒石●は，「●●○●○」の5この石のならびがくり返されています。したがって，**3**と同じように考えて，25÷5=5 より，5回目のいちばんさいごにならぶ石が25番目になります。5この石のさいごは白石なので，25番目にならぶのは白石になります。

6 2，3，4の3つの数字を「3，4，2，3」とならべて，そのくり返しになっています。45こならべるので，45÷4=11あまり1 となり，「3，4，2，3」が11回くり返されて，その次にくる45番目の数は3になります。3は「3，4，2，3」の中に2こあるので，2×11+1=23(こ) より，23こならぶことになります。

7 **ポイント**のパターン③になるので，植えられた木の本数と間の数は同じになります。間は等しく5mで木の本数は全部で182本なので，
5×182=910(m) より，池のまわりの長さは，

910 m になります。

ハイクラス

p.128～129

1 44 m
2 50 本
3 18 本
4 98 cm
5 240
6 (1)白　(2)7組目の4番目
7 (1)272 cm　(2)1244 cm

とき方

1 12 人の子どもが 4 m おきに立っていて，はしとはしの子どもの間をもとめるので，ポイント のパターン①より，立っている子どもの数 12 から 1 ひいた 11 が間の数です。4×11=44(m) より，両はしの子どもは，44 m はなれています。

2 ポイント のパターン③より，木の本数=間の数なので，150÷3=50 より，植えられる全部の木の本数は 50 本になります。

3 40 m の道にはしからはしまで 5 m おきに木を植えるので，ポイント のパターン①より，
40÷5+1=9(本)
道の両がわに植えるので全部で 9×2=18(本)になります。

4 のりしろ(重ねてはりあわせる部分)の数はリボンの本数より 1 か所少なくなるので，
6−1=5(か所)
したがって，18×6(cm) の長さからのりしろ全体の長さをひくと，つないだリボンの全体の長さがもとめられます。
べつのとき方　1 本目のリボンは 18 cm で，のこりのリボン 5 本は，のりしろの長さ分短くなるという考え方で，18−2=16(cm)
16×5=80(cm)　18+80=98(cm)
ともとめることもできます。

5 「2，4，6，8」の 4 つの数字は，
「2，4，6，8」→「4，6，8，2」→「6，8，2，4」→「8，2，4，6」のくり返しでならんでいます。
48 こならべるということは，48÷4=12 より，12 回 4 つの数字がならぶことになります。4 つの数をたすと，ならび方にかん係なく
2+4+6+8=20 になります。したがって，48 こならべたときの全部の数をたすと，
20×12=240 より，240 になります。

6 (1)白石と黒石は，「○●○○」を 1 組としてならんでいます。左から 23 番目は，
23÷4=5 あまり 3 より，「○●○○」が 5 回くり返されて，そのあとに 3 番目にならぶ石なので，白石になります。
(2)左から 28 番目の石は，28÷4=7 より，7 組目の 4 番目の石になります。

7 4と同じように考えます。
(1)のりしろの数は 15−1=14(か所)
長さが 20 cm のテープを 15 本つなぐので，
20×15 から 2×14 をひいてもとめます。

27 いろいろな問題 ④

標準クラス

p.130～131

1 大きい数 30　小さい数 10
2 はるか 900 円　妹 600 円
3 8 m
4 そうた 80 まい　りく 40 まい
5 900 円
6 ノート 110 円　消しゴム 60 円
7 シュークリーム 90 円　ケーキ 250 円

とき方

1 大きい数と小さい数をたすと 40 で，大きい数は小さい数より 20 大きいことから，下のような線分図で考えます。大，小の数の合計 40 に 20 をたすと，大きい数の 2 倍になります。
したがって，(40+20)÷2=30 より，大きい数は 30 になります。小さい数は，30−20=10 になります。

大　20
小
合計 40

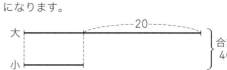

2 下のような線分図をかいてとき方を考えます。はるかさんの持っているお金は，妹が持っているお金より 300 円多いので，1500+300=1800(円) にすると，はるかさんが持っているお金のちょうど 2 倍の金がくになります。よって，
1800÷2=900(円) が，はるかさんの持っているお金になり，900−300=600(円) が妹の持っているお金になります。
べつのとき方　(1500−300)÷2=600(円) で，妹の持っているお金を先にもとめるとき方もあります。

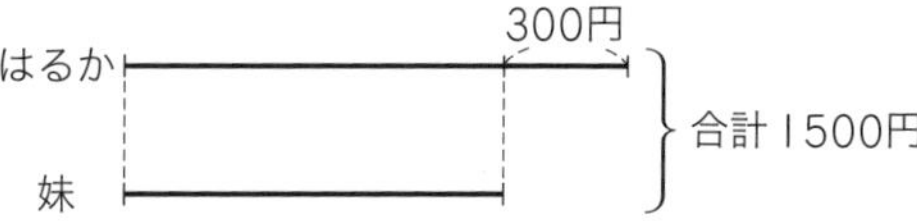

3 **1**や**2**のときと同じ考え方でもとめます。花だんのまわりの長さは 24 m なので，たてと横の長さをたした長さは，24÷2=12(m) になります。横の長さがたての長さより 4 m 長いので，12 m に 4 m をたして 2 でわれば，(12+4)÷2=8(m) と横の長さがもとめられます。

4 120 まいのおり紙をそうたさんとりくさんで，そうたさんのまい数が，りくさんのまい数の 2 倍になるように分けるので，次のような線分図がかけます。

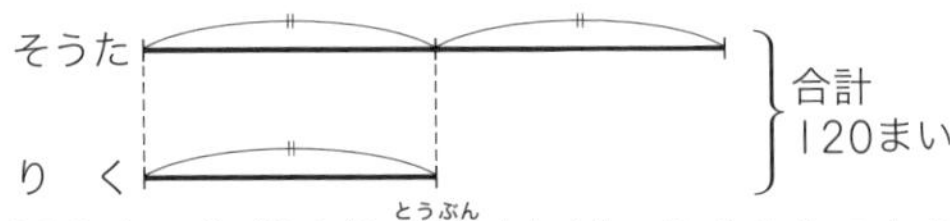

120 まいを (2+1) 等分すれば，りくさんのおり紙のまい数がもとめられます。

5 「メロン 1 このねだん=りんご 3 このねだん」なので，メロン 1 ことりんご 1 この金がくは，りんご (3+1) こ分の金がくになります。
1200÷(3+1)=300(円) がりんご 1 このねだんになるので，もとめるメロン 1 このねだんは，1200−300=900(円) または，300×3=900(円) になります。

6 ノート 1 さつ+消しゴム 1 こ= 170(円) なので，170×2=340(円) はノート 2 さつ+消しゴム 2 この代金になります。ノート 2 さつ+消しゴム 3 こ=400(円) なので，400−340=60(円) は消しゴム 1 このねだんになります。ノート 1 さつのねだんは，170−60=110(円)

7 シュークリーム 1 こ+ケーキ 1 こ=340(円) なので，340×3=1020(円) はシュークリーム 3 こ+ケーキ 3 この代金になります。
シュークリーム 5 こ+ケーキ 3 こ=1200(円) なので，1200−1020=180(円) はシュークリームが 5−3=2(こ) の代金になります。
よって，シュークリーム 1 このねだんは，
180÷2=90(円)
ケーキ 1 このねだんは，340−90=250(円)

ハイクラス

p.132〜133

1 兄 2200 円　弟 1400 円
2 (1) 130 円
(2) ノート 200 円　消しゴム 70 円
3 110 cm
4 さくら 60 cm　りこ 140 cm
5 ゆうと 2200 mL　かい 800 mL
6 みかん 90 円　なし 150 円
7 700 円

とき方

1 兄と弟のちょ金を合わせると 3600 円で，兄が弟より 800 円多くちょ金しているので，兄のちょ金の 2 倍の金がくは，
3600+800=4400(円)
4400÷2=2200(円) より，兄のちょ金の金がくがわかります。2200−800=1400(円) が弟のちょ金になります。

2 (1) 400 円からノートのねだんとボールペンのねだんのちがい 70 円をひいて，ボールペンと消しゴムのねだんのちがい 60 円をたすと，ボールペン 3 本分のねだんになります。
(400−70+60)÷3=130(円) となり，ボールペンのねだんがわかります。

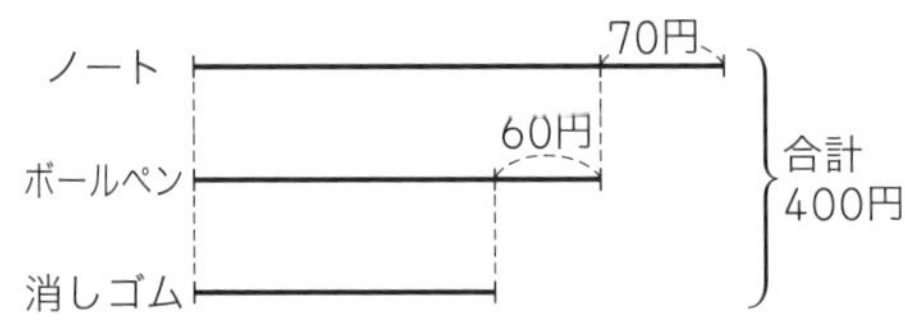

(2) ノートのねだんは，130+70=200(円)，
消しゴムのねだんは，130−60=70(円)

3 3 人の身長を合わせた 371 cm から 13 cm と (13+15) cm をひくと，妹の身長の 3 倍になります。

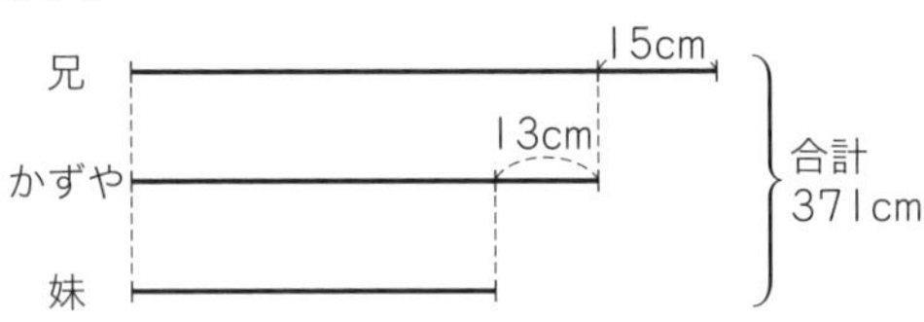

4 cm で答えるので，2 m=200 cm になおしておきます。りこさんのリボンをさくらさんのリボンの 2 倍より 20 cm 長くするので，先に 20 cm をひいて，200−20=180(cm)
これがさくらさんのリボン (2+1) 本分の長さなので，さくらさんのリボンの長さは，
180÷(2+1)=60(cm)
りこさんのリボンの長さは，
60×2+20=140(cm)

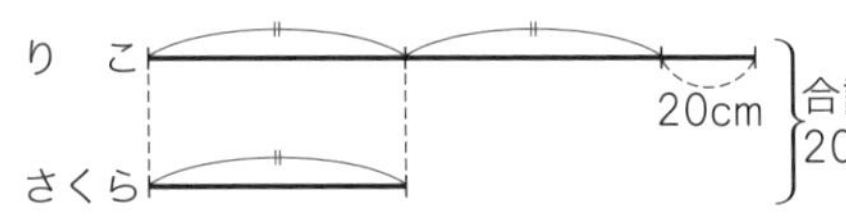

5 ゆうとさんの分は，かいさんの分の 3 倍より 200 mL 少なくなるように分けるので，3 L (3000 mL) に 200 mL をたします。これがかいさんの水のかさの (3+1) 倍になります。

6 問題文より，
みかん×3+なし×1=420(円)　…①
みかん×4+なし×3=810(円)　…②

この２つの式から，みかん１こ，なし１このねだんのもとめ方を考えます。まず，式をみかんだけの式にすることを考えてみましょう。
①の式を３倍にします。
みかん×3＋なし×1＝420(円)　…①
みかん×9＋なし×3＝1260(円)　…③
できた③の式から，②の式をひきます。

　みかん×9＋なし×3＝1260(円)…③
－ みかん×4＋なし×3＝810(円)　…②
　みかん×5　　　　＝450(円)　…④

④の式から，みかん１こ分のねだんをもとめると，
みかん×5＝450
　みかん＝450÷5
　みかん＝90(円)
①の式の答えから，みかん×3＝270(円) をひいて，なし１このねだんをもとめます。
420−270＝150(円)

7 問題文より，
大人×2＋子ども×3＝2300(円)　…①
大人×4＋子ども×9＝5500(円)　…②
です。
①の式を２倍すると，
大人×4＋子ども×6＝4600(円)　…③
となります。
次に，②の式から③の式をひいて，子どもだけの入園りょうにします

　大人×4＋子ども×9＝5500(円)…②
－ 大人×4＋子ども×6＝4600(円)…③
　　　子ども×3＝900(円)　…④

④の式から，子ども１人の入園りょうをもとめると，
子ども×3＝900
　子ども＝900÷3
　子ども＝300(円)
①の式から，
大人×2＋300×3＝2300
　大人×2＋900＝2300
　　大人×2＝2300−900
　　大人×2＝1400
　　　大人＝1400÷2＝700(円)

チャレンジテスト⑬

p.134～135

1　54ページ
2　12
3　3
4　91こ
5　(1)400円　(2)1440円
6　120 m
7　40本

とき方

1　３つの数のひき算の文章題です。読む本は190ページあるので，３日前に読んだ67ページと明日読む予定の69ページを，190ページからひけば，今日読んだページ数がわかります。

2　ある数を□として，式に表すと，
(□−10＋8)×5＝50
　□−10＋8＝50÷5
　□−10＋8＝10
　　□＝10−8＋10
　　□＝12

3　2と同じように，ある数を□として，式に表すと，
(□＋6)×4÷2＝18
　□＋6＝18×2÷4
　□＋6＝9
　　□＝9−6
　　□＝3

4　２人が持っているおはじきの数は合わせて136こです。ゆうたさんが持っているおはじきの数は，えりさんが持っているおはじきより46こ多いことから，下のような線分図をかいて考えてみましょう。

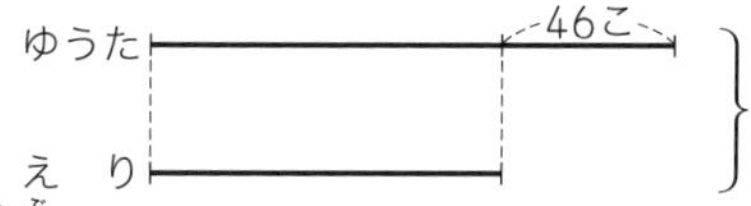

全部のおはじき136こに46こをたすと，ゆうたさんの持っているおはじきの数の２倍の数になるので，(136＋46)÷2＝91(こ) で，ゆうたさんの持っているおはじきの数は91こになります。
問いにはありませんが，えりさんの持っているおはじきの数は，91−46＝45(こ)

5　オレンジを３ふくろ，ドーナツとアイスクリームをそれぞれ１こずつ買った代金が1510円です。
(1)ドーナツ１こ，アイスクリーム１このねだんは，オレンジ１ふくろのねだんより，ドーナツが280円，アイスクリームが210円それぞれ安くなっているので，1510円に
280＋210＝490(円) をたして，
1510＋490＝2000(円) にすると，オレンジ５ふくろの代金になります。2000÷5＝400(円) より，オレンジ１ふくろは400円です。
(2)ドーナツ１このねだんは，
400−280＝120(円) です。オレンジ３ふくろと，ドーナツを２こ買うので，その代金は，

400×3+120×2=1440(円) です。

⑥ 池のまわりなど円形に木を植えていくときは，木の間の数=木の数です。問題文より，池のまわりの長さを□mとすると，(□÷4)−(□÷5)=6(本) となります。4でも5でもわり切れるいちばん小さい数は20です。長さが20mの池のまわりに木を植えるとき，4mおきでは 20÷4=5(本)，5mおきでは 20÷5=4(本) より，5−4=1(本) のちがいがあります。したがって，問題文のように6本のちがいになるのは，20mの 6÷1=6(倍) のときなので，この池のまわりの長さは，20×6=120(m) です。

⑦ マッチぼうの数は，1番目は4本，2番目は 4+(4×2)=12(本)，3番目は 12+(4×3)=24(本)，…と，1つ前のマッチぼうの数+4 の倍数(かける数は1ずつふえる)となっているので，4番目の図形のマッチぼうの数は，

24+(4×4)=40(本)

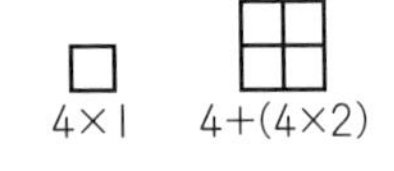

チャレンジテスト⑭

p.136〜137

① (1)60 m
(2)6 m

② (1)64
(2)510

③ 120円

④ 17

⑤ 100 m

⑥ 91

とき方

① (1)木を植えた長さは，4×(11−1)=40(m)
西がわのはしまで，まだ20mあるので，40+20=60(m) がこの道の長さになります。
(2)60mの長さに11本の木を植えるので，木と木の間の長さは，60÷(11−1)=6(m) になります。

② (1)数のならび方は，2，4，8，16，…となっているので，それぞれ1つ前の数の2倍になっています。4番目の数が16なので5番目の数は，16×2=32，6番目の数は，32×2=64 となります。
(2)(1)より6番目の数は64なので，7番目の数は，64×2=128，8番目の数は，128×2=256 になります。はじめの数の2からじゅんに，8番目の数256までをたしていけば，もとめられます。

③ 問題文より，
ノート×2+ボールペン×3=480(円)…①
ノート×4+ボールペン×1=560(円)…②
①と②の式を使って，ノートだけ，ボールペンだけの式にすれば，それぞれの1つ分のねだんをもとめることができます。
①の式を2倍にすると，
ノート×4+ボールペン×6=960(円)…③
これから②の式をひいて，ボールペンだけの式にします。

　ノート×4+ボールペン×6=960(円)…③
− ノート×4+ボールペン×1=560(円)…②
　　　　　　ボールペン×5=400(円)…④

④の式からボールペン1本のねだんをもとめると，
ボールペン×5=400(円)
　ボールペン=400÷5
　ボールペン=80(円)…⑤
①の式に，⑤をあてはめて，ノートだけの式にします。
ノート×2+80×3=480(円)
　　ノート×2=480−240
　　　ノート=240÷2
　　　ノート=120(円)

④ 10の次の数は，10−1=9，9の次の数は，9+3=12，その次の数は，12−1=11，その次の数は，11+3=14，… というように，10からはじまって，前の数−1，前の数+3，前の数−1，前の数+3，…というように，2つの数が組になってくり返していることがわかります。10番目の数は，2つの数の組の5組目の2番目の数になります。16が4組目のさいしょの数なので，4組目の2番目の数は，16−1=15，5組目のさいしょの数は，15+3=18，5組目の2番目の数は，18−1=17 になります。

⑤ 池のまわりの長さを□mとして，□を使った式で表すと，木を5mおきに植えるときの木の本数は □÷5(本)，木を4mおきに植えるときの木の本数は □÷4(本)と表せます。5でも4でもわり切れる数で，いちばん小さい数は20になります。20を□にあてはめると，20÷5=4(本)，20÷4=5(本) となり，植えることのできる木の本数(間の数)のちがいは，5−4=1(本) になります。実さいは，5mおきに植えると3本あまり，4mおきに植えると2本たりなくなるので，ちが

いは，3+2=5(本）になります。
5÷1=5 なので，20 を 5 倍して，20×5=100 より，□=100(m）だということがわかります。
100 m の長さに 5 m おきに木を植えると，100÷5=20(本）で，3 本あまるので木の本数は，20+3=23(本)，4 m おきに木を植えると，100÷4=25(本）になり，木の本数が 23 本だと 2 本たりないので，問題文にも合っています。

⑥ 数のならび方は，
1，12，2，13，3，3，14，4，4，4，1…
より，1 が 1 つ，2 が 2 つ，3 が 3 つ，4 が 4 つ，…となっています。したがって，1～6 までの数すべてをたすと，1+(2×2)+(3×3)+(4×4)+(5×5)+(6×6)=1+4+9+16+25+36=91 になります。

そう仕上げテスト①

p.138～139

① (1)799 (2)959 (3)700
(4)1321 (5)7192 (6)9332
(7)6340 (8)13243 (9)60637
(10)65434 (11)162320

② (1)412 (2)199 (3)362
(4)124 (5)1188 (6)2876
(7)4178 (8)478 (9)20927
(10)25825 (11)7678

③ (1)156 (2)288 (3)5536 (4)4935
(5)8820 (6)1200 (7)2242
(8)23814 (9)44767 (10)58830
(11)71476 (12)198258 (13)173565
(14)586971 (15)725220

④ (1)4 (2)6 (3)9 (4)3
(5)4 あまり 5 (6)4 あまり 4
(7)8 あまり 1 (8)3 あまり 2
(9)9 あまり 3 (10)7 あまり 6
(11)7 あまり 1 (12)7 あまり 3
(13)12 (14)11 (15)32 (16)21
(17)23 (18)31 (19)70 (20)80
(21)40 (22)90 (23)800 (24)700

とき方

① 今まで学習してきたことをふり返って，くり上がりに注意して計算しましょう。わからなくなったら，もう一度たし算のたん元をふく習しましょう。

② 上の位からくり下げたとき，上の位の数は 1 へることに，注意して計算しましょう。

③ かけ算も一の位からじゅんに計算していき，それぞれの位のかけ算の答えを書くいちをまちがえないようにし，くり上がりに注意して計算しましょう。

④ かけ算の九九を使えるわり算は，かけ算の九九を使って計算しましょう。わられる数に 0 があるわり算は，0 を取って計算して，答えに計算のとき取った数だけ 0 をつけるなどくふうして計算しましょう。あまりのあるわり算は，たしかめの式（わられる数）=(わる数)×(わり算の答え)+(あまり)を使って，答えのたしかめもしましょう。

そう仕上げテスト②

p.140～141

① (1)9 (2)5 (3)6 (4)6

② (1)31 (2)8 (3)5
(4)5 (5)88 (6)9

③ (1)4000 (2)3，200 (3)3000
(4)8025 (5)7008 (6)6，800
(7)3060 (8)10，300 (9)540
(10)4，40 (11)246 (12)219
(13)8，22 (14)6，23

④ (式) 3×2=6 42÷6=7
24÷6=4 7×4=28 (答え) 28 こ

⑤ (1) (2)

5cm 5cm 5cm

3cm 3cm 2cm

⑥ (1)七千四百八十二万四千
(2)千の位，百万の位(じゅん番はぎゃくでもよい。)
(3)1000 倍

とき方

① かける数が 1 ふえると，答えはかけられる数だけ大きくなること，かけられる数とかける数を入れかえて計算しても，答えはかわらないことなどを思い出して，取り組みましょう。

② あまりのあるわり算の答えのたしかめの式を使いましょう。

③ 重さ，長さ，時間のたんいの問題です。

④ 球の中心，直径，半径の意味をもう一度かくにんしましょう。ボールの直径をもとめて，箱のたてと横にボールが何こずつ入るかを考えます。

⑤ コンパスを使って，三角形をかく問題です。日ごろからよく練習して，正しくかけるようにしておきましょう。

そう仕上げテスト③

p.142～144

1 (1)野球
(2)バスケットボール
(3)2人

2 (1)かりた本の数
(2)28さつ
(3)

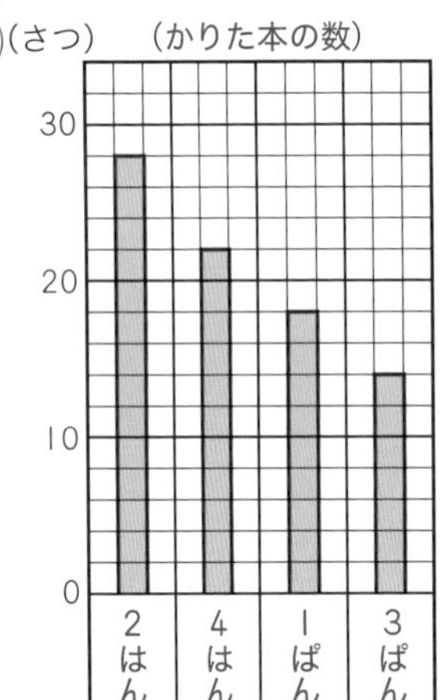

3 (1)3.5, 3.6, 3.7, 4
(2)7.3, 7, 6.9, 6.7

4 (1)5.3 (2)86 (3)30 (4)3.9 (5)6

5 (1)＞ (2)＜ (3)＞ (4)＜

6 (1)6.1 (2)4.2
(3)9.4 (4)11.7
(5)6.5 (6)3.5
(7)6.4 (8)5.7

7 (1)$\frac{7}{8}$ (2)1
(3)$\frac{5}{7}$ (4)$\frac{3}{11}$

8 (式) 18×2−5=31
(31−9)×2=44
(答え) なつ子31まい，みよ子44まい

とき方

1 2 ぼうグラフの読み取り方，かき方について，もう一度かくにんしておきましょう。グラフの読み取り方やかき方は，上の学年に上がるとますます大切になるので，しっかり身につけておきましょう。また，1目もりが2，5，20，50のぼうグラフや，ぼうグラフを2つ組み合わせたグラフの見方にもなれておきましょう。

3 4 小数のしくみについての問題です。3はどんな間かくで小数がならんでいるか，よく考えて□にあてはまる数をもとめましょう。

5 分数の大きさについての問題です。分母が同じ分数では，分子が大きい方が大きくなります。分子が同じ分数では，分母が小さい方が大きくなります。

6 小数のたし算とひき算の計算です。整数と同じように位をそろえて，答えの小数点を打ついちに注意して計算しましょう。

8 けんじさんが持っている色紙のまい数18まいをもとにして考えます。次のような線分図に表して，考えてみましょう。けんじさんが持っている色紙のまい数が18まいなので，なつ子さんの持っている色紙のまい数は，けんじさんの持っている色紙18まいの2倍より5まい少ないから，
18×2−5=31(まい)
みよ子さんの持っている色紙のまい数は，なつ子さんの持っている色紙のまい数から9まいひいて2倍したまい数なので，
(31−9)×2=44(まい)

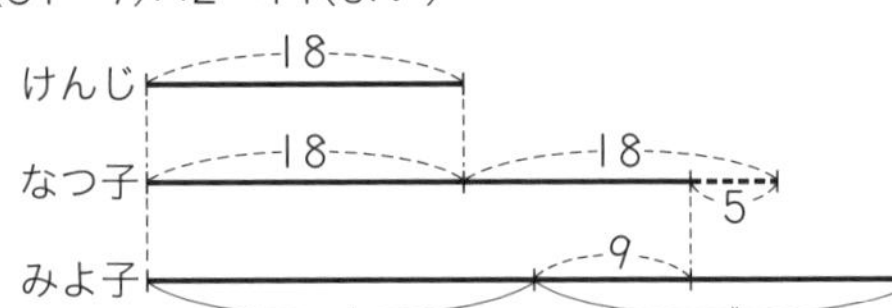